Marco Weißer

30 Minuten

Erfolgreich ausbilden

Die Deutsche Nationalbibliothek verzeichnet diese Publikation in der Deutschen Nationalbibliografie; detaillierte bibliografische Daten sind im Internet über http://dnb.d-nb.de abrufbar.

Umschlaggestaltung: die imprimatur, Hainburg
Umschlagkonzept: Martin Zech Design, Bremen
Autorenfoto: Photographie RosaRot, Limburg
Comics und Grafiken: Volker Heider Design, Brechen
Lektorat: Eva Gößwein, Berlin
Satz: Zerosoft, Timisoara (Rumänien)
Druck und Verarbeitung: Salzland Druck, Staßfurt

© 2017 GABAL Verlag GmbH, Offenbach
2. Auflage 2019

Hinweis:
Das Buch ist sorgfältig erarbeitet worden. Dennoch erfolgen alle Angaben ohne Gewähr. Weder Autor noch Verlag können für eventuelle Nachteile oder Schäden, die aus den im Buch gemachten Hinweisen resultieren, eine Haftung übernehmen.

Wir drucken in Deutschland.

ISBN 978-3-86936-770-5

PEFC zertifiziert
Dieses Produkt stammt aus nachhaltig bewirtschafteten Wäldern und kontrollierten Quellen.
www.pefc.de

In 30 Minuten wissen Sie mehr!

Dieses Buch ist so konzipiert, dass Sie in kurzer Zeit prägnante und fundierte Informationen aufnehmen können. Mithilfe eines Leitsystems werden Sie durch das Buch geführt. Es erlaubt Ihnen, innerhalb Ihres persönlichen Zeitkontingents (von 10 bis 30 Minuten) das Wesentliche zu erfassen.

Kurze Lesezeit

In 30 Minuten können Sie das ganze Buch lesen. Wenn Sie weniger Zeit haben, lesen Sie gezielt nur die Stellen, die für Sie wichtige Informationen beinhalten.

- Alle wichtigen Informationen sind blau gedruckt.

- Schlüsselfragen mit Seitenverweisen zu Beginn eines jeden Kapitels erlauben eine schnelle Orientierung: Sie blättern direkt auf die Seite, die Ihre Wissenslücke schließt.

- *Zahlreiche Zusammenfassungen innerhalb der Kapitel erlauben das schnelle Querlesen.*

- Ein Fast Reader am Ende des Buches fasst alle wichtigen Aspekte zusammen.

- Ein Register erleichtert das Nachschlagen.

Inhalt

Vorwort

Ausbildung wird trotz der sich in den nächsten Jahren abzeichnenden Verrentungs- und Pensionierungs-Tsunamis (von -Wellen kann keine Rede mehr sein) in vielen Betrieben und Unternehmen, aber auch in Drittsektor-Organisationen und im öffentlichen Sektor immer noch als Randthema angesehen, also bei Weitem nicht so ernst genommen, wie es angebracht wäre.

Mit ein Grund dafür ist Zeit – oder besser das Fehlen derselben. Viele Ausbilder oder diejenigen Mitarbeiter, die die Betreuung der Auszubildenden oft nur nebenbei zusätzlich zu ihren übrigen Aufgaben wahrnehmen, haben für das Thema Ausbildung nämlich deutlich zu wenig oder überhaupt keine Zeit.

Daher soll dieser kleine Ratgeber dabei helfen, sich mit wenig Zeitaufwand einen Überblick darüber zu verschaffen, worauf es ankommt, wenn man junge Menschen beruflich ausbildet. Dazu werden zügig die wesentlich(st)en Aspekte beleuchtet, die im Rahmen der Nachwuchskräfte-Arbeit wichtig sind.

Natürlich kann und soll dieses Buch andere und vertiefende Literatur nicht ersetzen. Dafür bietet es aber etwas, das im Berufsalltag besonders gefragt ist: einen schnellen Einstieg in das Thema und vor allem viele Tipps und Strategien, die sich sofort in die Praxis umsetzen lassen. Es handelt sich dabei um einen Ansatz, der so meiner Ansicht nach in der einschlägigen deutschsprachigen Literatur einzigartig ist.

Nach dem Motto „Kleines Buch, große Wirkung" hoffe ich, dass Ihnen dieses 30-Minuten-Buch die große Bedeutung des Themas vor Augen führen, wertvolle Tipps und Tricks im Umgang mit den Auszubildenden vermitteln und nicht zuletzt auch einige persönliche Aha-Momente liefern wird.

Viel Freude bei der Lektüre wünscht Ihnen
Ihr
Marco Weißer

30 MINUTEN

1. Einführungszeit und Beziehung

Haben Sie das auch erlebt? Man hat als junger Mensch seinen Abschluss in der Tasche, ist hoch motiviert und startet dann seine berufliche Laufbahn in einer Firma, in der die Verantwortlichen noch nicht einmal genau wissen, wann „der Neue" anfängt. Es gibt viele Menschen, die solche bleibenden Erinnerungen an ihren Einstieg ins Berufsleben haben. Und obwohl es aus den unterschiedlichsten Forschungsdisziplinen Erkenntnisse darüber gibt, worauf hier zu achten ist, und diese eigentlich nicht ignoriert werden können, läuft in den meisten Betrieben und Unternehmen, die aktiv ausbilden (oder behaupten, dies zu tun), häufig noch vieles schief.

In Kapitel 1 erfahren Sie, wie wichtig der erste Tag und die Einführungszeit für den neuen Kollegen sind, welche Beziehungsbedürfnisse für die tägliche Zusammenarbeit von elementarer Bedeutung sind und mit welcher Einstellung die mit der Ausbildung betrauten Mitarbeiter dem neuen Kollegen begegnen sollten.

1.1 Die Bedeutung des ersten Tages

Menschen, die den Schritt von der Schule in den Beruf wagen, sind aufgeregt, wenn der erste Tag der Ausbildung näher rückt. Die Sinne sind hochsensibel und nehmen jede Nuance wahr, die nicht stimmig ist. Der erste Tag wird sehr intensiv erlebt. Man will einen guten Eindruck machen, sich richtig gut präsentieren.

Dann betritt man die Firma und keiner weiß, dass man da ist. Häufig wird man mit falschem Namen angesprochen. Manchmal wissen die Mitarbeiter in der Abteilung, in die man kommt, nicht einmal, dass man dort beginnt. Der Personalchef, der einen eigentlich begrüßen sollte, hat Urlaub, eine Vertretung ist nicht in Sicht. Ein Schreibtisch ist zwar da, der Stuhl muss aber erst noch organisiert werden. Die Passwörter für die Programme, die man benutzen soll, sind in der EDV-Orga beantragt und kommen im Laufe des Tages, der Computer morgen ... Wie sich ein Auszubildender an einem solchen ersten Tag fühlt, dürfte jedem Leser klar sein. Interessant wird es, wenn wir während eines solchen Tages in den Kopf des Auszubildenden schauen könnten. Die Vertrauensforschung spricht hier von der sogenannten Qualität des Anfangskontakts. Wenn diese schlecht ist, dann entsteht der ideale Nährboden für Misstrauen, Demotivation und Nicht-Kooperation. Im Blut kann man erhöhte Cortisol-Werte nachweisen, die den Stresspegel widerspiegeln.

Qualität des Anfangskontakts
Beginn der Ausbildung

unfassbar schlecht

unglaublich gut

Was passiert im Blut?

Cortisol

Endorphine, Serotonin,
Oxytozin, Dopamin

Welche Gefühle stellen sich ein?

Unbehagen, Stress,
Angst, Panik, Misstrauen,
Skepsis, komisches Gefühl

Wohlbefinden, Dynamik,
Leistungsbereitschaft,
gutes Gefühl

Welche Auswirkungen gibt es im Arbeitskontext?

De-Motivation,
Nicht-Kooperation,
Misstrauen

Motivation,
Kooperation,
Vertrauen

Sofern aber der Anfangskontakt gelingt, schaffen Unternehmen die Rahmenbedingungen dafür, dass Vertrauen, Motivation, Kooperation und Engagement entstehen können. Dann finden sich Stoffe wie Oxytozin, Dopamin, Serotonin und Endorphine im Blut: Oxytozin ist auch in Muttermilch enthalten und wird als Bindungshormon bezeichnet. Endorphine sind als Glückshormone bekannt.

Wenn man es genau nimmt, sind aber nicht nur der erste Tag und die Einführungszeit wichtig, sondern die Beziehungsarbeit beginnt schon mit der Einladung zum Einstellungstest oder zum Vorstellungsgespräch. Hier beginnen Sie bereits, Ihr Unternehmen zu präsentieren und so dessen Außenwahrnehmung zu beeinflussen. Bereits jetzt können Sie den Weg für einen guten ersten Tag ebnen. Je besser Ihnen das gelingt, desto besser sind die Voraussetzungen für das spätere „Onboarding" des Neuen.

Die jungen Bewerber nehmen Ihr Unternehmen schon während der Bewerbungsphase wahr und kommunizieren über alle möglichen Kanäle und Medien darüber. Es geht letztlich um den Aufbau eines guten Images. Überraschen Sie z. B. die Bewerber, indem Sie ihnen für ihr Kommen und ihr Interesse an einer Mitarbeit in Ihrem Unternehmen danken, oder halten Sie bis zum Ausbildungsbeginn nach markanten Daten (z. B. Geburtstag) und Ereignissen (Abschlussprüfung in der Schule) Ausschau oder nehmen Sie Feiertage wie Weihnachten oder Ostern zum Anlass, um dem zukünftigen

Auszubildenden per Brief, Päckchen, E-Mail, SMS, WhatsApp oder wie auch immer eine freundliche oder witzige Nachricht zu schicken. Durch solche kleinen Aufmerksamkeiten fühlt sich der Bewerber anerkannt und wertgeschätzt.

Wichtig ist aber auch, dass solche positiven Erlebnisse nicht bloß Momentaufnahmen bleiben. Die Einführungszeit ist ein dauerhafter Prozess. Wechseln die Auszubildenden die Abteilungen, erleben sie alle paar Monate von Neuem einen ersten Tag und bekommen schnell ein Gespür dafür, wie Ihr Unternehmen diesbezüglich „tickt". Sie sind deshalb gut beraten, wenn Sie Ihre interne Ausbildungsstrategie mit allen dezentralen Ausbildern so organisieren, dass es überall schöne und erinnerungswürdige erste Tage und Einführungszeiten gibt, nicht nur am allerersten Tag der Ausbildung. Darüber hinaus dürfen Sie dieses Einführungsklima im Prinzip nie enden lassen. Denn andernfalls wäre es nicht authentisch und Sie würden schließlich als Schauspieler und Lügner entlarvt werden. Das bedeutet, dass sich möglicherweise die ganze Ausbildungs- und Integrationskultur von neuen Mitarbeitern bei Ihnen im Haus ändert bzw. ändern muss.

Wenn Sie sich jetzt fragen, was genau Sie tun können, um den ersten Tag zu einem Erlebnis zu machen, dann fragen Sie sich selbst: „Was wäre am ersten Tag für mich so besonders, wertschätzend und anders, dass ich es jedem erzählen wollte?" Wenn Sie darüber nachdenken, können Sie sich Ihre Geistesblitze aufschreiben.

30 *Beginnen Sie mit Ihren Überlegungen zur Gestaltung des ersten Tages und der Einführungszeit bereits am Tag des Einstellungstests oder des Vorstellungsgesprächs. Schaffen Sie eine Atmosphäre, in der sich ein junger Mensch wohl, wertgeschätzt und zugehörig fühlen kann. Nur dann entstehen Vertrauen, Motivation, Kooperation und Engagement.*

1.2 Die Beziehung als Dreh- und Angelpunkt

So wichtig es ist, den ersten Tag und die Einführungszeit positiv zu gestalten, so wichtig ist es auch, im Ausbildungsverlauf weiter daran anzuknüpfen. Konkret geht es darum, den sogenannten Beziehungsbedürfnissen gerecht zu werden.

Der Mensch hat zu jeder Zeit bestimmte Bedürfnisse. Das können physische Bedürfnisse sein (Essen, Trinken, Schlafen), aber auch psychische Bedürfnisse wie Sicherheit, Spiel, Anerkennung, Autonomie usw. Diese Bedürfnisse machen sich durch Gefühle bemerkbar. Werden die Bedürfnisse gestillt, entstehen positive Gefühle, werden sie nicht befriedigt, äußert sich dies als negatives Gefühl.

Am Arbeitsplatz haben Gefühle oft keinen guten Stand. Auch – oder sollte ich sagen gerade – Nachwuchskräfte als ins Leben wachsende Persönlichkeiten haben aber

vermutlich neben einem wünschenswerten Wissens-
durst einen ebenfalls großen Beziehungshunger.

Grundlegende Beziehungsbedürfnisse

Beziehungsbedürfnisse können aus meiner Sicht nicht
trennscharf voneinander abgegrenzt werden. Sie greifen meiner Erfahrung nach immer wieder ineinander.
Wichtig ist, dass man als Ausbilder weiß, welche grundlegenden Beziehungsbedürfnisse es gibt. Daher sollen
diese an dieser Stelle kurz aufgezählt werden (siehe
vertiefend dazu mein Buch *Die selten beherrschte Kunst
der richtigen Ausbildung*):

1. Sicherheit:
Hier geht es darum, dass der Auszubildende sowohl
physisch (z. B. durch Sicherheitskleidung, Unterwei-
sungen im Rahmen von Gefährdungsbeurteilungen
usw.) als auch psychisch (emotional) geschützt ist.

2. Wertschätzung, Bestätigung:
Gerade Auszubildende als junge Menschen, die noch
viel über die Praxis und für die Praxis lernen wollen,
haben ein Bedürfnis nach Anerkennung und Wertschätzung. Sie wollen sich bedeutsam fühlen.

3. Schutz, Angenommensein:
Schutz bedeutet, dass man die Auszubildenden in Ar-
beitskontexten schützt, sich schützend vor sie stellt
(auch wenn ihnen ein Fauxpas unterlaufen ist). Ferner

geht es darum, sie so anzunehmen, wie sie sind, statt zu erwarten, dass sie so sind, wie man es gerne hätte.

4. Eigene und gemeinsame Erfahrungen:
Die eigenen, persönlichen Erfahrungen der Auszubildenden müssen bestätigt werden. Sie brauchen zudem das Gefühl, ein Stück des Weges mitgegangen zu sein und gemeinsame Erfahrungen zu teilen. Ausbilder sollten die Erlebnisse der Auszubildenden auch nachvollziehen können.

5. Selbstdefinition:
Den Auszubildenden müssen Möglichkeiten gegeben werden, sich selbst zu definieren; mit Aufgaben, Projekten und konkreten sinnvollen Arbeitsaufträgen.

6. Beim Gegenüber etwas bewirken:
Hier geht es darum, dass Ausbilder und Auszubildender sich als sich gegenseitig beeinflussende Persönlichkeiten erleben. Dazu gehört es auch, dass der Ausbilder auch mal Ideen, die der Auszubildende vorgeschlagen hat, umsetzt bzw. auf Umsetzungsfähigkeit prüft.

7. Initiative vonseiten des anderen:
Dies ist meist eher ein Bedürfnis der Ausbilder: Der Auszubildende soll sich aktiv und eigendynamisch einbringen und nicht (was oft vorkommt) im Internet surfen und SMS-Nachrichten oder WhatsApp-Meldungen versenden.

8. Etwas geben:
Hier geht es um Dankbarkeit, Herzlichkeit und darum, jemandem Zuneigung zu schenken. Unser Bedürfnis, etwas zu geben, ist ein Herzensbedürfnis.

Warum die Beziehung so wichtig ist

Die Befriedigung dieser Beziehungsbedürfnisse wirkt unmittelbar auf die Beziehungsqualität. In immer wieder durchgeführen interdisziplinären Untersuchungen (siehe z. B. Hubble, Duncan, Miller: The Heart and Soul of Change) wurde festgestellt, welche Faktoren für eine erfolgreiche „Abhängigkeits-Beziehung" maßgebend sind. Dabei kristallisierten sich vier Faktoren heraus:

- **Placebos/Erwartung/Hoffnung** der Probanden, also auch der Auszubildenden,
- **Methoden** (hier sind z. B. die Vier-Stufen-Methode, die Leittextmethode usw. gemeint),
- **Beziehung** (zwischen Arzt und Patient/Therapeut und Klient/Lehrer und Schüler/Ausbilder und Auszubildendem)
- und der jeweils **Betroffene** selbst (also Patient, Klient, Schüler, Auszubildender).

Interessant ist, dass die Qualität der Ausbildungsbeziehung einen Einfluss von 30 % auf einen erfolgreichen Ausbildungsprozess hat. Hingegen haben „Placebos" (Erwartung/Hoffnung) nur einen Wirkungsgrad von nur 15 %. Die jeweils zum Einsatz kommende Ausbildungsmethode trägt ebenfalls nur 15 % zum Erfolg bei. Der Auszubildende selbst jedoch beeinflusst durch Engagement, Einsatzbereitschaft, Wille, Ehrgeiz usw. noch ganze 40 %.

Wenn aber die Beziehung nicht gelingt, dann brechen neben den 30 % vermutlich auch noch die 40 % Eigenmotivation weg – zusammen immerhin 70 % – und auch noch die Erwartung/Hoffnung, dann sind wir bei 85 %. Daher ist es von so großer Bedeutung, dass sich Ausbilder damit beschäftigen, welche Beziehungsbedürfnisse es gibt und wie man sie in der praktischen Ausbildung befriedigen kann.

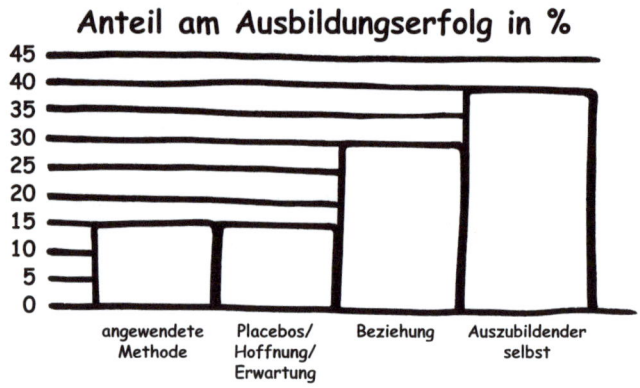

Auch im Rahmen von Konflikten (die nicht Gegenstand dieses Buches sind) spielen unbefriedigte Bedürfnisse eine bedeutende Rolle; sie sind häufig die Ursache für Schieflagen im Beziehungsgeflecht.

Der australische Bildungsforscher John Hattie, der 2013 eine Studie veröffentlicht hat, für die er weltweit 800 Meta-Studien ausgewertet hatte, denen insgesamt 80 000 Einzelstudien mit 250 000 000 (!) Lernenden zugrunde lagen, kam zu der Erkenntnis, dass zwei Faktoren maßgeblich für den Erfolg von Lernprozessen verantwortlich sind:

1. das gegenseitige Feedback zwischen Lehrendem und Lernendem (also Ausbilder und Auszubildendem),
2. die gefühlte Beziehung zwischen den beiden.

Dies bestätigt noch einmal eindrucksvoll die vorherigen Ausführungen zur Bedeutung der Beziehung. Auch der viel beachtete Autor Joachim Bauer ist der Auffassung, dass es ohne Beziehung keine dauerhafte Motivation geben kann. (Vgl. Joachim Bauer, *Prinzip Menschlichkeit.*)

Mit Beziehung untrennbar verknüpft sind auch Faktoren wie Verbundenheit und Zugehörigkeit. Hier wurde in zahlreichen Experimenten ebenfalls Erstaunliches festgestellt: Wenn Testpersonen der Verlust von Verbundenheit und Zugehörigkeit vorausgesagt wird, verschlechtert dies die Qualität der von ihnen erbrachten Arbeitsergebnisse um bis zu 27 %. Demgegenüber erhöht schon die Annahme, man würde in einem Team arbeiten, die Leistungsbereitschaft um rund 50 % und vermindert die Erschöpfung um rund 33 %.

Es gibt also mehr als genug Indizien dafür, dass es sich lohnt, ganz bewusst in die Beziehung zu den Auszubildenden zu investieren, damit ein hoher Return on Invest entstehen kann.

30 *Beziehungsbedürfnisse sind wenig bekannte Motivationsförderer. Sie haben mehr Einfluss auf den Lernerfolg als die jeweilige Ausbildungsmethode. Machen Sie sich vertraut mit den grundlegenden Beziehungsbedürfnissen und denken Sie darüber nach, mit welchen Maßnahmen Sie diesen gerecht werden können.*

1.3 Auf die Einstellung kommt es an

Neben der Berücksichtigung der Beziehungsbedürfnisse ist es vor allem wichtig, dass der Ausbilder bzw. der Ausbildungsbetrieb die richtige Einstellung zum Thema Ausbildung mitbringt. Diese Einstellung besteht darin,

- wirklich überzeugt davon zu sein, dass Ausbildung wichtig ist,
- den Auszubildenden die volle Aufmerksamkeit zu schenken,
- mit einer bestimmten Offenheit an sie heranzutreten und
- ihnen sofort voll zu vertrauen.

Erst wenn dies gelingt und die Auszubildenden auch spüren, dass es aus voller Überzeugung geschieht und nicht nur aufgesetzt ist, um irgendeine neue Personalmanagement-Theorie umzusetzen, dann ist der Boden bereitet, auf dem der Nachwuchs sein Potenzial entfalten kann.

Der personzentrierte Ansatz

Aber wie gelingt es, die richtige Einstellung an den Tag zu legen? Letztlich bin ich der Überzeugung, dass man das ein Stück weit nicht lernen kann. Es geht genau genommen nicht nur um eine Einstellung, sondern um die Haltung, mit der man den Auszubildenden begegnet. Carl R. Rogers, ein weltweit bekannter, renommierter Psychotherapeut, hat vor Jahrzehnten den sogenannten personzentrierten Ansatz beschrieben und ausgeführt, worauf es bei gelingenden Therapeut-Klienten-Beziehungen ankommt und unter welchen Bedingungen sich Patienten vollkommen öffnen, angstfrei werden und damit den entscheidenden Beitrag für eine gelingende Therapie liefern. Die Erkenntnisse von Rogers werden auch in der Lehrer-Schüler-Interaktion beforscht.

Da aus meiner Sicht die Ausbilder-Auszubildender-Beziehung letztlich nichts anderes ist, muss davon ausgegangen werden, dass der personzentrierte Ansatz auch im Ausbildungsbereich eine hohe praktische Relevanz haben dürfte. Er wird durch drei Basisvariablen charakterisiert:

1. vorurteilsfreie Akzeptanz, unbedingte Wertschätzung, bedingungslose positive Zuwendung: das Gegenüber vollständig so nehmen, wie es ist; keine stereotypen Gedanken in Bezug auf das Gegenüber haben; ihm und seinen Anliegen die volle Wertschätzung entgegenbringen.
2. Empathie, einfühlendes Verstehen: in die Welt des anderen eintauchen und wie er fühlen und denken; also vollständig in seine Rolle schlüpfen, ohne er zu sein. Dadurch öffnet sich das Gegenüber.
3. authentisches Verhalten: echt sein und nichts vorgaukeln; dazu gehört auch, als Ausbilder mal zu sagen, dass man nicht mehr durchblickt, oder zu verstehen zu geben, dass man an einem bestimmten Punkt nicht mehr weiterweiß. Dadurch wirkt man authentisch und menschlich.

Wie aus der kurzen Beschreibung dieser drei Basisvariablen deutlich geworden sein dürfte, ist es eine große Herausforderung für Ausbilder, diesen Ansprüchen in Gänze zu entsprechen. Vor dem Hintergrund von Marktdruck, Konkurrenzdenken und Gewinnmaximierung gehen einige davon aus, dass im harten Arbeitsleben für solche „weichen Faktoren" gerade überhaupt kein Platz ist. Letztlich – wie oben schon angedeutet – kann man die Haltung, die den personzentrierten Ansatz ausmacht, nicht wirklich lernen. Ich glaube, dass es eine grundlegende Art und Weise ist, wie man mit Menschen umgeht; das macht die Haltung aus. Ob Ausbildern personzentriertes Handeln gelingt, wird vermutlich auch in großem Maße davon abhängen, welche Lehr-/Lernerlebnisse sie selbst in ihrer Biografie haben und wie sie diese in ihre alltäglichen Handlungen einfließen lassen.

Die Wirksamkeit des personzentrierten Ansatzes ist mittlerweile auch im Rahmen von neurobiologischen Forschungen durch bildgebende Verfahren (funktionelle Magnetresonanztomografie, fMRT) bestätigt worden. Sofern die Haltung gelingt, werden im Gehirn des Gegenübers Zentren wie z. B. das Belohnungszentrum und das Emotionszentrum besser durchblutet und es werden – wie beim gelingenden ersten Tag – Glücks- und Wohlfühlhormone ausgeschüttet. Gleichzeitig wird die Aktivität der Amygdala (Mandelkernkomplex), also des Angstzentrums, reduziert, was zur Folge hat, dass das Gegenüber – hier der Auszubildende – mehr Zugriff auf höhere geistige Leistungen hat. Offensichtlich lohnt es sich also, sich mit dem personzentrierten Ansatz zu beschäftigen.

Der Blick in die Zukunft

Ich möchte Sie am Schluss jedes Kapitels zu einem „Future Pace" einladen, einer gedanklichen Zeitreise in Ihre persönliche Ausbilderzukunft. Hierbei geht es mir darum, dass Sie sich direkt nach dem Lesen in einer Art Selbstreflexion fragen, wie Sie das Gelesene in Ihrem Betrieb in die Praxis umsetzen können.

Future Pace

Wenn ich ab dem nächsten Ausbildungsblock im Bereich Einführungszeit und Beziehung etwas verändern würde, dann wäre das Folgendes: Ich würde

_____

_____

_____

_____

Damit der Start in die Ausbildung gelingt, sollten sich Ausbilder bewusst machen, wie wichtig gerade die erste Zeit im Unternehmen für junge Menschen ist. So wird diese prägende Zeit für Ihre Auszubildenden zu einer positiven Erfahrung:

- *Der erste Eindruck zählt: Zeigen Sie Interesse und Wertschätzung, und zwar schon ab dem ersten Kontakt mit den zukünftigen Auszubildenden.*
- *Befassen Sie sich mit den Beziehungsbedürfnissen, denn sind diese befriedigt, wirkt sich das sehr positiv auf die Motivation aus.*
- *Begegnen Sie den Auszubildenden mit einer vorurteilsfreien, wertschätzenden Haltung, seien Sie dabei empathisch und bleiben Sie immer authentisch.*

30 MINUTEN

2. Kommunikation und Führung

Wenn wir über Ausbildung sprechen, ist es nur folgerichtig, auch die beiden Themen Kommunikation und Führung anzusprechen. Diese beiden Bereiche sind ineinander verzahnte und untrennbar miteinander verflochtene Aspekte gemeinschaftlichen Handelns. Zu kommunizieren, ohne ein Ziel damit zu verfolgen, ist somit nicht zielführend, also für Führung ungeeignet, und wir verzweifeln, wenn wir führen wollen, ohne effektiv und effizient zu kommunizieren. Auf welche grundlegenden Aspekte Sie in Ausbildungs- und Anleitungsprozessen achten sollten, erfahren Sie in diesem Kapitel.

2.1 Kommunikation: ein macht-volles Werkzeug

Viele denken beim Stichwort Kommunikation zunächst, dass es dabei ausschließlich um das gesprochene Wort geht. Dies ist jedoch weit gefehlt. Es gibt Erkenntnisse darüber, wie wir als Empfänger Kommunikation wahrnehmen. Ich spreche an dieser Stelle ausdrücklich nicht vom viel zitierten vierohrigen Empfänger von Friedemann Schulz von Thun, der vielen Lesern ohnehin bekannt sein dürfte. Sein Modell spart aus meiner Sicht

Aspekte aus, die im Rahmen von gelingender Kommunikation von elementarer Bedeutung sind. So kommt es zum Beispiel darauf an, wie im Rahmen der Kommunikation Wahrnehmungsprozesse ablaufen. Man könnte aus meiner Sicht sogar vereinfachend sagen, dass Kommunikation letztlich Wahrnehmung ist. Diese Wahrnehmung ist auf drei große Bereiche aufgeteilt: Körpersprache (55 %), Mimik/Gestik (38 %) und das gesprochene Wort (7 %).

Angesichts dieser Zahlen könnte man vermuten, dass es völlig egal ist, was inhaltlich gesagt wird, weil der Anteil des gesprochenen Wortes nur 7 % beträgt. Doch hier ist Vorsicht geboten, denn es ist durchaus wichtig, dass auch der Inhalt der Worte zur Körpersprache und zur Mimik und Gestik passt. Interessant ist in diesem Zusammenhang aber, dass Körpersprache sowie Mimik und Gestik zunächst den inhaltlichen Aspekt überlagern. Unsere Bundeskanzlerin Dr. Angela Merkel soll in einer Ansprache einmal ein gutes Beispiel hierfür geliefert haben, indem sie gesagt hat: „Meine Damen und Herren, wir haben ein Negativ-Wachstum!" Wie sie sich dabei körpersprachlich positioniert hat, sehen Sie auf der nächsten Seite.

Da auch erfolgreiche Börsenkurse in Richtung rechts oben notiert sind, ist man als Zuhörer zunächst einmal gefesselt von dieser Aussage in dem Gefühl, es sei eine gute Nachricht, auch wenn sie inhaltlich eigentlich schlecht ist. Durch die Verknüpfung des logischerweise negativ konnotierten Wortes „negativ" mit dem positiven Wort „Wachstum" und der dazu passenden Körper-

sprache sowie Gestik und Mimik hat Frau Merkel sich zu 93 % richtig in Szene gesetzt.

Missverständnisse durch Mehrdeutigkeit

Im Umgang mit Sprache muss allerdings noch etwas anderes beachtet werden: Die Vorstellungen von bestimmten Begriffen sind von Mensch zu Mensch verschieden und das kann zu Missverständnissen führen. Selbst von scheinbar ganz einfachen Begriffen wie „Baum" oder „Haus" hat vermutlich jeder Leser eine andere Vorstellung: Für den einen ist der Baum ein Kirschbaum im Sommer, für den anderen ein Nadelbaum im Winter. Für einen Leser ist das Haus ein Fachwerkhaus, für einen anderen Leser ist es eine Stadtvilla. Wenn Sie jetzt an konkrete Arbeitsaufträge denken, die Sie den Auszubildenden geben, dann wird schnell klar, dass schon aufgrund von unterschiedlichen Vorstellungen und Kenntnissen in der Kommunikation von Arbeitsaufträgen Konfliktpotenzial liegt. Wenn Sie zum Beispiel sagen: „Frau Meier, können Sie bitte eine Vorlage zum Thema XY fertigen? Bitte gehen Sie dabei nur auf die wichtigen Aspekte ein, die für den Vorstand von Bedeutung sind", weiß die Auszubildende wahrscheinlich nicht ansatzweise, worauf sie achten soll. Warum? Weil sie nicht weiß, was „die wichtigen Aspekte" sind bzw. was „für den Vorstand von Bedeutung" ist.

Vorsicht vor Generalisierungen

Im Sinne einer klaren, zielführenden Kommunikation ist es außerdem wichtig, dass Sie darauf achten, bestimmte Generalisierungen nicht mit negativen Aussagen zu koppeln. Auch wenn Sie vielleicht nicht wissen, was Generalisierungen sind, sind diese Ihnen bestimmt schon häufiger begegnet, ob im Rahmen der Erziehung, in der Schule oder auch in Ausbildungsprozessen. Es handelt sich dabei um sprachliche Verallgemeinerungen. Typische Wörter sind: *immer, schon wieder, nie, wie oft* … Denken Sie an Aussagen wie:

- *Immer muss ich Sie daran erinnern, dass …*
- *Jetzt haben Sie schon wieder vergessen, …*
- *Es gelingt Ihnen nie, …*
- *Wie oft muss ich Ihnen eigentlich sagen, dass …?*

Wie soll jemand eine gute Beziehungsgestaltung erreichen (vgl. Kapitel 1), der im Rahmen seiner Kommunikation permanent mit solchen negativen Verallgemeinerungen arbeitet? Die Beziehungsgestaltung wird so
definitiv zur Herausforderung.

30

*Neben dem gesprochenen Wort (7 %) haben Kör-
persprache (55 %) und Mimik/Gestik (38 %) einen
großen Anteil an der wahrgenommenen Kommunikation. Die Bereiche sollten ein stimmiges Ge-
samtbild ergeben. Machen Sie sich zudem klar,
dass Wörter oft mehrdeutig sind, und vermeiden
Sie negative Generalisierungen.*

2.1 Gut fragen und richtig zuhören

Fragen sind im Rahmen der Ausbildung gute Instru-
mente, um auf Kurs zu bleiben, und sie helfen, zu erkunden, was den Bewerber oder den Auszubildenden
bewegt. Es gibt verschiedene Fragetechniken, die den
Ausbildungsalltag bereichern können:
Offene Fragen bieten sich an, um viele Informationen
von dem Gesprächspartner zu erhalten.
* *Was haben Sie heute schon erledigt?*
* *Was bräuchten Sie, damit Sie die Aufgabe bewältigen
  können?*

Geschlossene Fragen sind immer dann von Vorteil, wenn der Fragende einen Kommunikationsprozess steuern will.

- *Wollen Sie noch mal in der Verkaufsabteilung eingesetzt werden?*
- *Haben Sie Interesse an einem externen Praktikum bei einer unserer Zulieferfirmen?*

Bei **informativen Fragen** geht es, wie der Name schon sagt, um den Austausch von Wissen.

- *Was können Sie mir über das laufende Projekt sagen, in das man Sie als Nachwuchskraft eingebunden hat?*
- *Was können wir aus Ihrer Sicht tun, um die Ausbildung besser zu machen?*

Die **Alternativfrage** ist ein Stück weit geschickt, elegant und dennoch etwas (hinter-)listig. Sie ist so formuliert, dass dem Befragten prinzipiell keine Möglichkeit offensteht, keine Antwort zu geben bzw. eine andere Alternative als die, die ihm der Fragende anbietet, zu wählen.

- *Herr Müller, möchten Sie jetzt den Betriebswirt- oder den Industriefachwirt-Lehrgang absolvieren?*
- *Frau Schulze, wollen Sie den vierwöchigen Excel-Kurs wirklich belegen oder doch lieber den sechsmonatigen Kurs „Kreatives Schreiben"?*

Skalierende Fragen haben den Vorteil, dass sie für die Bewertung oder Einschätzung von aktuellen oder vergangenen Ereignissen einen Rahmen bereitstellen.

- *Wie würden Sie sich auf einer Skala von 0 bis 10 in Sachen Kommunikation einschätzen, wobei 10 für sehr kommunikativ und 0 für das Gegenteil steht?*
- *Unser Bewertungssystem, Herr Müller, bietet Ihnen für Ihre Arbeitszufriedenheit eine Skala entsprechend der Ihnen bekannten Schulnoten von 1 bis 6; wo würden Sie Ihre Zufriedenheit hier verorten?*

Rechtfertigungsfragen vermeiden

Die Rechtfertigungsfrage ist an drei typischen Frage-wörtern erkennbar: *Wieso, Weshalb* und *Warum.* Solche Fragen sind schlecht, weil sie den Befragten in eine Rechtfertigungs-Haltung bringen, ihn somit quasi in die Ecke drängen. Hinzu kommt, dass sie ihn gedanklich in die (abgeschlossene und unabänderbare) Vergangen-heit katapultieren – oder sollte ich besser sagen: ent-führen. Das ist wie bei einem Verhör!

Auszubildende wollen ausgebildet und entwickelt und nicht verhört werden. Wenn der Ausbilder eine Wieso-, Warum- oder Weshalb-Frage stellt, dann formuliert er einen Problemrahmen. Aber was soll der Auszubilden-de mit einem Problemrahmen? Hilfreicher sind Fragen wie die folgenden, die Sie anstelle der Rechtfertigungs-fragen nutzen können:

- *Was möchten Sie denn stattdessen?*
- *Was hätten Sie denn gebraucht, um die Aufgabe er-folgreich auszuführen?*
- *Was würden Sie denn benötigen, um in Zukunft diesen Anforderungen gerecht zu werden?*

- *Wie müsste die Situation sein, damit Sie es schaffen?*
- *Wer könnte Ihnen dabei helfen, dass Sie es schaffen?*

Durch diese lösungs- und zukunftsorientierten Fragen eröffnen Sie den Auszubildenden einen Weg aus der gedanklichen Sackgasse, in der sie stecken, und Sie schaffen einen Lösungs- bzw. Feedbackrahmen für die weitere Entwicklung.

Die Kunst des Zuhörens

Neben guten Fragen gehört auch gutes Zuhören zum grundlegenden Repertoire eines Ausbilders. Generell sind für das einfühlende Zuhören zwei Basisvariablen von entscheidender Bedeutung, damit sich das Gegenüber öffnen kann.

Zum einen sollten Sie die Aussagen Ihres Gesprächspartners paraphrasieren, d. h. ihm durch Formulierungen wie „Habe ich Sie richtig verstanden, dass Sie ...?" oder „Ich habe Sie jetzt so verstanden, dass es Ihnen wichtig ist, dass ..." die Möglichkeit geben, Ihre Sicht auf sein Anliegen zu korrigieren, damit Sie beide über die gleiche „Landkarte" sprechen. Es kann einige Zeit dauern und vor allem bedarf es einiger Übung, bis Sie als Ausbilder richtig paraphrasieren können. Die Technik trägt dazu bei, dass sich eine Lösung im Gespräch ergibt, und diese hat dann eine gute Qualität, weil der Auszubildende das Gefühl hat, bei der Lösungsfindung selbst beteiligt gewesen zu sein oder sie gar initiiert zu haben.

Zum anderen zeichnet sich gutes Zuhören dadurch aus, dass Sie sich auf die Gefühle des Gegenübers einstellen, heraushören, welche Gefühle ausgelöst werden, und diese auch benennen. In der Fachterminologie würde man sagen, Sie müssen die emotionalen Erlebnisinhalte verbalisieren. Das bedeutet, dass Sie Ihrem Gegenüber Bezeichnungen für die Gefühle anbieten, die Sie aufgrund seiner Schilderungen bei ihm vermuten; z. B.: „Wenn ich Sie richtig verstanden habe, sind Sie wütend/enttäuscht/frustriert/usw."

Hierbei ist es wichtig, auf Adjektive abzustellen. So macht es von der Erlebensqualität her sehr wohl einen Unterschied, ob Sie Wut/Trauer/Enttäuschung/Spaß/Freude empfinden oder aber wütend/traurig/enttäuscht/gut gelaunt/freudig sind. Durch die Nennung von Adjektiven können Gefühle in der Regel stärker empfunden werden als durch die Nennung von Nomen. Daher sollte man in diesem Kontext Nominalisierungen streichen. Durch Paraphrasieren und das Verbalisieren emotionaler Erlebnisinhalte schaffen Sie die Basis für ein gegenseitiges Verständnis.

Nutzen Sie geeignete Fragetechniken im Rahmen von Ausbildungsprozessen. Vermeiden Sie Rechtfertigungsfragen (Wieso? Warum? Weshalb?). Vergewissern Sie sich beim einfühlenden Zuhören, dass Sie das, was Ihr Gesprächspartner gesagt hat, wirklich so verstanden haben, wie es gemeint war, und verbalisieren Sie emotionale Erlebnisinhalte.

2.3 Führung wird meist falsch gedacht

Im Rahmen der Ausbildung haben Führungsprozesse eine besondere Bedeutung. Ich glaube, dass der Schritt von einer Schule in einen Betrieb und die damit verbundene Ausbildung eines der Erlebnisse ist, an die sich ein Mensch bis an sein Lebensende erinnert. Daher sind auch der erste Tag und die Einführungszeit von so großer Wichtigkeit. Aber letztlich ist es für die weitere Entwicklung und das Wachstum der jungen Menschen entscheidend, dass sie gut geführt werden.

Führung wird meist so dargestellt, dass derjenige, der führt, irgendetwas mit demjenigen macht, der geführt wird. Es wird als individuelle Beeinflussung von einer oder mehreren Personen bzw. Personengruppen verstanden. Daraus haben sich dann Führungsstile als Verhaltensmuster zur Willensdurchsetzung herausgebildet. Um an dieser Stelle nur einige zu nennen, von denen Ihnen vermutlich zumindest ein paar geläufig und aus eigenen Erfahrungen heraus (und sei es „nur" aus dem Elternhaus) vertraut sein dürften: kooperativ, autoritär, fürsorglich/patriarchalisch, laissez faire, situativ, transformativ und transaktional.

Um die Wirksamkeit von Führungsstilen messen zu können, bedarf es häufig eines umfangreichen Forschungssettings. Durch die Ergebnisse solcher Forschungen sollen bestimmte Führungsstil-Prämissen bestätigt werden. Dies mag sogar gelingen. Dennoch kommen mir angesichts solcher Studien Zweifel. Es gibt ein Sprichwort: „Wenn du einen Teich trockenlegen willst, darfst du nicht die Frösche fragen." Führungsforschung geht von der falschen Zielgruppe aus. Wir müssten eigentlich die Geführten befragen und bräuchten demnach eine „Geführtenforschung".

Dennoch hat die Führungsforschung eine interessante Erkenntnis zutage gefördert: Führung ist eigentlich eine Illusion. Führung an sich findet überhaupt nicht statt. Ja, Sie haben richtig gelesen: Führung findet nicht wirklich statt. Führung ist letztlich eine Konstruktions-/Projektionsleistung derjenigen, die geführt werden.

Das bedeutet, dass diejenigen, die geführt werden, ihre Wünsche, Bedürfnisse und Gefühle oder besser gesagt ihre Erwartungen auf die Führungskraft projizieren. Die eigentliche Führungsleistung ist demnach letztlich nicht mehr und nicht weniger als das Feedback auf die Erwartungen der Geführten, in unserem Fall der Auszubildenden. Sofern die Wünsche und Bedürfnisse der Auszubildenden ganz oder zumindest in Teilen erfüllt bzw. befriedigt werden, kann Führung gelingen, d. h., es stellt sich sowohl Führung als solche ein als auch ein gewisser Führungserfolg. Gelingt der Führungskraft dies nicht, kann Führung nicht stattfinden, geschweige denn gelingen; es kommt zu einer „imaginären Führung", die letztlich Utopie bleibt.

So wie ich die alten Führungsansichten und -definitionen für unvollständig halte, ist auch die eben beschriebene Sicht auf Führung meiner Ansicht nach unzulänglich. Denn sie suggeriert, dass letztlich der Mitarbeiter die Führungskraft führt und somit quasi der „Schwanz mit dem Hund wedelt". Ich kann mir nicht vorstellen, dass dies in der Praxis so funktioniert. Es gibt ein arbeitsrechtliches Instrument des Weisungs- und Direktionsrechts, und dieses geht letztlich immer noch vom Arbeitgeber und dessen verlängertem Arm, also der Führungskraft oder dem Ausbilder, aus. Ich denke, es wird in der Praxis eine Tendenz dazu geben, dass die Betriebe anders auf die Erwartungen (Wünsche, Bedürfnisse, Gefühle) der Mitarbeiter und auch schon der Auszubildenden reagieren, um auf das Beziehungskonto der Menschen einzuzahlen und nicht nur die Ziele und Erwartungen durchzu-setzen, die dem Betrieb wichtig sind. Doch im Hinblick auf die gegensätzlichen Führungsansätze liegt die Wahrheit wohl – wie so häufig – irgendwo in der Mitte.

Genau genommen benötigen wir auch keinen Führungsstil, unabhängig davon, welchen Namen wir ihm geben. Was wir brauchen, ist eigentlich eine Art Führungshaltung, die angelehnt ist an den personzentrierten Ansatz (vgl. Kapitel 1, Abschnitt 1.3) und letztlich in der humanistischen Psychologie wurzelt. Ich habe deshalb eine solche Haltung definiert. Aufgrund meiner langjährigen Erfahrung aus meiner praktischen Arbeit in der Entwicklung und Förderung von jungen Menschen sowie von Rückmeldungen aus Seminaren und Coachings von Ausbildern quer durch die ganze Bundesrepublik bin ich überzeugt: Wenn Sie die nachfolgend näher beschriebenen Basisvariablen der AWAKE-Führungshaltung mit Leben füllen, erzielen Sie ausgezeichnete Ergebnisse, sei es in der Führung junger Menschen, in Gestalt von Arbeitsergebnissen oder in der Qualität der Zusammenarbeit.

Vermutlich fragen Sie sich, was denn AWAKE-Führung ist oder sein soll. „Awake" ist ein englisches Wort und bedeutet so viel wie „erwachen" oder „aufwachen". Damit meine ich in diesem Kontext jedoch nicht das Aufwachen aus dem nächtlichen Schlaf, sondern vielmehr aus dem Tagtraum bzw. aus der Lethargie der Untätigkeit. Zugleich ist AWAKE aber auch ein Akronym, da es sich aus den Anfangsbuchstaben folgender Wörter zusammensetzt: **A**nerkennung, **W**ertschätzung, **A**ufmerksamkeit, **K**ommunikation und **E**mpathie.

Führung mit Anerkennung

Anerkennung ist mehr als nur ein Wort. Für Mitarbeiter und Auszubildende ist es – meiner Meinung nach – spürbar, ob sie wirkliche Anerkennung erfahren oder ob ihnen diese nur vorgegaukelt wird. Wie können Sie anerkennen? Zunächst müssen Sie sich in Wahrnehmung üben, üben, üben. Denn anerkennen hat was mit erkennen zu tun, und erkennen hat etwas mit sehen und wahrnehmen zu tun. Dann müssen Sie aufrichtig anerkennen. Dies können Sie auch in Form entwickelnder Anerkennung tun; früher hätte man gesagt: Kritik äußern. Durch entwickelnde Anerkennung kann sich das Verhältnis zwischen Ausbilder und Auszubildendem nachhaltig verbessern. Wenn kein Anlass zu entwickelnder Anerkennung besteht, dann können Sie motivierende Anerkennung geben. Das ist für mich die Anerkennung, die das bereits vorhandene Verhalten und die gezeigten Leistungen uneingeschränkt bejaht und diese somit in die Zukunft transportiert.

- Bemühen Sie sich, auch noch so kleine Leistungen oder Fortschritte anzuerkennen.
- Erkennen Sie auch schlechte Leistungen an und sprechen Sie über Möglichkeiten der Entwicklung.
- Erkennen Sie Wut, Desinteresse oder Gereiztheit an und sprechen Sie mit dem Auszubildenden darüber, welche Veränderungen hier möglich und erwünscht sind.

Führung mit Wertschätzung

Oft wird nicht zwischen Anerkennung und Wertschätzung unterschieden. Ich will dies hier jedoch tun. Aus meiner Sicht bezieht sich Anerkennung primär auf die Leistungserbringung (Output), d. h. das Ergebnis, das „Was" der Aufgabenerledigung. Demgegenüber bezieht sich Wertschätzung primär auf die Art und Weise der Leistungserbringung (Throughput), d. h. das Verfahren (Herangehensweise, Kommunikation usw.), das „Wie" der Aufgabenerledigung. In dem Wort „Wertschätzung" ist das Wort „Wert" enthalten. Das bedeutet, dass ich an Werte anknüpfen sollte. Diese sind z. B. Hingabe, Einsatzbereitschaft, Leistungswille usw.

- Schätzen Sie Ihre Auszubildenden auch in alltäglichen Dingen wert, z. B. durch aktive und ehrliche Einbeziehung ins Tagesgeschäft.
- Sprechen Sie konkret an, dass die Art und Weise des Umgangs mit einem Kunden in bestimmten Aspekten vorbildlich war.

Führung mit Aufmerksamkeit

Während Anerkennung und Wertschätzung sich auf den Prozess der unmittelbaren Leistungserbringung erstrecken, bezieht sich Aufmerksamkeit für mich auf den zwischenmenschlichen und insbesondere persönlichen Bereich. Wenn es dem Auszubildenden nicht gut geht, muss ich als Ausbilder in der Lage sein, durch Wahrnehmen der Körpersignale (Körpersprache, Gestik, Mimik) zu erkennen, wie es ihm wirklich geht. Der Körper verrät mehr, als wir denken.

Allein durch das Wort „Aufmerksamkeit" wird deutlich: Der Ausbilder soll aufmerken, also etwas beim Auszubildenden bemerken. Noch mal, es heißt: Auf-merk-sam-keit. Man könnte auch sagen: merk-würdig, also würdig, bemerkt zu werden.

- Wenn ein Auszubildender krank war, kochen Sie ihm einen Tee oder Kaffee oder bringen Sie ihm unaufgefordert etwas mit.
- Wenn Ihnen ein Auszubildender erzählt, was er am Wochenende macht, dann knüpfen Sie am Montagmorgen daran an („Wie ist denn das Fußballturnier gelaufen?").
- Auch wenn Sie von Sorgen wie Beziehungsproblemen, Schulstress, Diskussionen mit den Eltern usw. erfahren, sollten Sie sich das merken und später nachfragen.

Führung mit Kommunikation

Zunächst möchte ich an dieser Stelle auf die Ausführungen in den Abschnitten 2.1 und 2.2 verweisen. Der Ausbilder trägt die Verantwortung für die Übertragung einer Nachricht, also dafür, dass diese beim Auszubildenden so ankommt, wie sie gemeint war. Nur wenn das gelingt, können gute Arbeitsergebnisse erreicht werden. Leider zeigt das Echo aus der Praxis vonseiten der Auszubildenden, dass diese oft ungenaue Anweisungen erhalten. Deshalb können sie auch keine zufriedenstellenden Ergebnisse produzieren. Das führt zu schlechten Beurteilungen vonseiten der Ausbilder. Dies wiederum führt zur Frustration bei dem Auszubildenden und unter Umständen sogar zur inneren Kündigung.

- Lassen Sie sich von einem Auszubildenden eine Aufgabe, die Sie ihm gegeben haben, noch einmal erklären (entweder im Detail oder nur im Überblick).
- Wenn es zu Missverständnissen kommt, lasten Sie diese nicht grundsätzlich den Auszubildenden an; es könnte sein, dass Sie falsch oder schlecht kommuniziert haben.
- Beenden Sie dann eine Unterredung mit Worten wie „aber ich kann mich auch irren!". So wirken Sie menschlich und damit sympathisch und die Auszubildenden bauen Hemmungen und Ängste ab.

Führung mit Empathie

Mit Empathie meine ich die Fähigkeit, sich in die Gefühlslage eines Menschen hineinversetzen zu können. Je besser die vier oben genannten Führungsprinzipien verstanden und im Rahmen der täglichen Führungspraxis umgesetzt werden, desto eher wird empathisches Führen möglich. Gerade im Rahmen der Ausbildung, bei der junge Menschen in ein neues, ihnen häufig völlig unbekanntes System eintreten, benötigen wir Empathie, um sie wirklich zu verstehen. Dafür müssen wir Ausbilder uns Zeit nehmen, um ihnen wirklich zuzuhören, damit wir uns in ihre Lage versetzen können.

- Wenn ein Auszubildender Ihnen von Problemen erzählt, geben Sie auch mal etwas von sich preis.
- Erzählen Sie den Auszubildenden, wie Sie Probleme während Ihrer Ausbildung gelöst haben.

Future Pace
Wenn ich ab dem nächsten Ausbildungsblock im Bereich Kommunikation und Führung etwas verändern würde, dann wäre das Folgendes:

_____

_____

_____

_____

Lockern Sie Ihre möglicherweise traditionelle Sicht von Führung. Führung stellt sich nach neueren Erkenntnissen erst dann ein, wenn es der Führungskraft gelingt, auch die Erwartungen der Geführten zu erfüllen.

- *Führung und Kommunikation gehören untrennbar zusammen. Achten Sie darauf, dass Ihre Körpersprache, Ihre Gestik und Mimik und Ihre Worte zusammenpassen.*
- *Machen Sie sich mit Fragetechniken vertraut und üben Sie sich im einfühlsamen Zuhören.*
- *Entwickeln Sie eine AWAKE-Haltung: Führen Sie mit Anerkennung, Wertschätzung, Aufmerksamkeit, Kommunikation und Empathie.*

30 MINUTEN

3. Lehren und Lernen

Ausbildung hat immer auch mit Lehren und Lernen zu tun. Das sind zwei Seiten einer Medaille. In diesem Kapitel geht es vor allem darum, zu verstehen, was Lernen ist und welche Rahmenbedingungen für erfolgreiches Lernen wichtig sind. Darüber hinaus erfahren Sie etwas über lerntheoretische Aspekte, die für das Verständnis von Lernprozessen sicherlich von Vorteil sind. Den Abschluss des Kapitels bilden Lehr- bzw. Lernverfahren, die für die Praxis eine hohe Relevanz haben.

3.1 Lernen als multisensorischer Erfahrungsprozess

Wenn wir über Ausbildung und Lehren bzw. Lernen sprechen, dann sollten wir meines Erachtens zunächst einmal definieren, was diese Begriffe bedeuten. Es geht beim Lehren und Lernen darum, Fertigkeiten und Fähigkeiten (Kompetenzen) sowie theoretisches Wissen zu vermitteln (= lehren; auf Ausbilder-Seite), bzw. sich anzueignen (= lernen; auf Auszubildenden-Seite), und außerdem darum, bestehende Einstellungen, Ansichten und Glaubenssätze zu überprüfen und unter Umständen neu zu definieren.

Dabei ist zu berücksichtigen, dass die These, Menschen wären ab einem bestimmten Alter nicht mehr fähig, Neues zu lernen, heute als widerlegt gilt. Früher gingen Wissenschaftler davon aus, dass das Gehirn irgendwann „fertig programmiert" ist und diesen Status quo dann für immer beibehält. Heutzutage können wir dank der neuesten Erkenntnisse aus der Hirnforschung sicher sein, dass das Gehirn seine Verbindungen (Synapsen) permanent neu verschaltet. Und je mehr Verschaltungen es gibt, desto größer wird das dadurch entstehende Netzwerk. Es gilt also nicht mehr der Grundsatz: Je mehr man reinpackt, desto weniger geht (noch) rein. Vielmehr ist das Gegenteil wahr: Je mehr man reinpackt, desto mehr geht noch rein! Die Neurobiologen sprechen hier von der sogenannten Neuroplastizität des Gehirns. Wir können uns heute also getrost darauf verlassen:

**Was Hänschen nicht lernt,
kann Hans immer noch lernen.**

Die Hirnforscher können zwar viele Vorgänge im Gehirn trotz modernster Technik immer noch nicht vollständig erklären, es gilt jedoch als gesichert, dass sich bestehendes Wissen mit neuem Wissen ausgezeichnet vernetzen kann, wenn die gleichen Neuronen immer wieder elektrische Impulse senden. Deswegen können Menschen, die zwei- oder gar dreisprachig aufwachsen, später weitere Sprachen besser und schneller lernen als Menschen mit nur einer Muttersprache. Hier wird gerne das Sprichwort zitiert: Use it oder lose it! Je öfter bestimmte Tätigkeiten ausgeführt werden oder vorhandene Kompetenzen zum Einsatz kommen, desto besser wird man in diesen Bereichen.

Angstfreies Klima
Allerdings ist es auch wichtig, dass Lernende in einem angstfreien und einem fehlerfreundlichen Klima agieren können. Wenn ein Mensch das Wort „Fehler" hört, dann führt das häufig sogar zu körperlichen Veränderungen: Die Atmung wird flacher, die Nebennieren produzieren das Stresshormon Cortisol. Das kann so weit gehen, dass irgendwann nur noch die drei sogenannten Notfallprogramme zur Verfügung stehen: Angriff, Flucht und Starre bzw. „tot stellen".

Keines dieser drei Programme ist für Lehr- bzw. Lernprozesse hilfreich. Daher ist es wichtig, ein lernfreundliches Klima zu schaffen. Auch das beginnt bereits in der Einführungszeit (siehe Kapitel 1). Dabei ist eine weitere Erkenntnis der Neurobiologen für uns Ausbilder wichtig: Ein Mensch kann Wissen (Kognition) nicht ohne ein dazugehöriges Gefühl (Emotion) erlernen. Das klingt zunächst seltsam, denn oft geht es ja darum, trockene Fakten zu erlernen, z. B. wie ein Buchungssatz geht oder was man unter einem Marketing-Mix versteht. Tatsache ist aber, dass Menschen auch zu solchen Informationen immer (unbewusst) das Gefühl abspeichern, das sie beim Lernen hatten. Wenn ich Sie auf eine kleine Zeitreise in Ihre Schul- oder Studienzeit mitnehmen darf, dann werden Sie sich vermutlich an Lehrer erinnern, die Ihnen selbst das trockenste Fach gut vermitteln konnten, weil sie Ihnen sympathisch waren und weil sie Ihnen (wie auch immer) ein gutes Gefühl gegeben haben. Genauso verhält es sich auch in Ausbildungs- oder Anleitungsprozessen. Auch hier passt wieder die Metapher der zwei Seiten einer Medaille, in diesem Fall: Wissen und Gefühl. Wenn die jungen Menschen bei Ihnen im Unternehmen unter Druck, Androhung von Strafe und dauerhaftem Stress lernen und funktionieren sollen, dann lernen sie das schlechte Gefühl mit. Und immer dann, wenn sie später wieder auf Kompetenzen zugreifen sollen, die ihnen „eingetrichtert" wurden, holen sie auch das schlechte Gefühl wieder hervor. Aber wer will schon schlechte Gefühle haben oder gar Angst mit „auspacken"? Daher kann ein derartig schlecht organisiertes Lernarrangement dazu führen, dass die Mitarbeiter nicht mehr ihre Kompetenzen anzapfen.

Bereicherndes Umfeld

Neben einem angstfreien Klima ist es für gelingendes Lernen auch wichtig, dass der Lernende in einem bereichernden Umfeld wirken kann, einem sogenannten Enriched Environment. Hintergrund sind auch hier Erkenntnisse aus der Hirnforschung. Man hat dazu Ratten beobachtet, die in zwei verschiedenen Käfigen gehalten wurden. In einem war ein regelrechtes „Disneyland für Ratten" aufgebaut – die Käfigbewohner konnten Laufrad fahren, hatten Spielzeug usw. –, im anderen Käfig gab es keinerlei Beschäftigungsmöglichkeiten. Das Ergebnis: Die Gehirne der Ratten aus dem Käfig mit den Aktivitätsmöglichkeiten wiesen einen dickeren Kortex auf, weil sich Nervenzellen umfangreicher verzweigt und mehr Blutgefäße gebildet hatten. Diese Tiere hatten auch einen höheren Neurotransmitterspiegel im Blut und wiesen weitere Wachstumsfaktoren auf, die das Überleben und das Wachstum von Nervenzellen (Neurogenese) sowie die synaptische Plastizität förderten. Nach Ansicht der Forscher lassen sich diese Erkenntnisse durchaus auf Menschen übertragen.

Für die Ausbildungspraxis bedeutet dies, dass ein angstfreies, fehlerfreundliches Klima allein noch nicht ausreicht. Sie sind gut beraten, wenn Sie zusätzlich das Ausbildungsterrain so gestalten, dass die jungen Menschen sich aktiv einbringen können, herausgefordert werden und auch Freude an ihren Aufgaben und Tätigkeiten entwickeln können.

Der eigentliche Lernprozess

Nach diesen Einblicken in die Arbeitsweise des Gehirns und die Gestaltung eines lernfreundlichen Klimas und einer herausfordernden Lernumgebung geht es nun darum, wie der Mensch überhaupt lernt. Zunächst lässt sich festhalten: Der Mensch lernt über Wahrnehmung. Wahrnehmung ist ein höchst selektiver Vorgang bzw. Prozess, denn wir nehmen häufig nur die Dinge wahr, denen wir unsere (erhöhte) Aufmerksamkeit schenken. Wenn Sie beispielsweise mit dem Gedanken spielen, sich ein Auto einer bestimmten Marke in einer bestimmten Farbe zu kaufen, dann fallen Ihnen auf einmal überall genau solche Autos auf. Natürlich waren die schon vorher auf den Straßen unterwegs, nur war Ihre Aufmerksamkeit zuvor nicht darauf gerichtet.

Wenn wir unsere Aufmerksamkeit auf etwas richten, dann intensiviert sich auch unsere Wahrnehmung und wir nehmen die Umwelt bewusst über alle fünf Sinne wahr:

- Wir sehen (visuell).
- Wir hören (auditiv).
- Wir fühlen (kinästhetisch).
- Wir riechen (olfaktorisch).
- Wir schmecken (gustatorisch).

Damit beginnt der Lernprozess.

Das WTO-Modell

Ich möchte Ihnen ein einfaches Modell erläutern, mit dem in der Praxis gut gearbeitet werden kann. Das Modell heißt WTO, und damit ist nicht die Welthandelsorganisation (World Trade Organisation) gemeint, sondern: **W**ahrnehmen – **T**esten – **O**ptimieren. Dieses Modell kann in jedes der Lehr-/Lernverfahren eingebaut werden, die ich Ihnen in Abschnitt 3.3 vorstelle.

1. Wahrnehmen

Hier geht es darum, dass der Auszubildende im wahrsten Sinne des Wortes mit allen Sinnen wie ein „Wissensschwamm" alles aufsaugt, was der Ausbilder ihm vermittelt. Es geht darum, möglichst viel aufzunehmen, sich völlig auf die jeweilige Aufgabe zu konzentrieren.

2. Testen

Es gibt viele Ausbildungsratgeber und -handbücher, die Wert auf die sogenannte Handlungsorientierung legen. Meiner Ansicht nach ist nicht nur die Handlungsorientierung, sondern auch die Kompetenzorientierung wichtig. Daher müssen die jungen Menschen in die Lage versetzt werden, das vermittelte Wissen direkt auszuprobieren, damit sie das Ergebnis dann mit ihrer Kompetenzlandkarte abgleichen können.

3. Optimierung

Enge Feedback-Schleifen sind wichtig, damit der Auszubildende zunächst rückmelden kann, was ihm noch fehlt, damit der Wissenstransfer gelingt. Der Ausbilder hat meiner Ansicht nach die Aufgabe, hier einfühlend zuzuhören (siehe Kapitel 2, Abschnitt 2.1) und danach Tipps zu geben, wie es besser gelingen kann. Hier ist darauf zu achten, dass die Gesprächsführung nicht direktiv ist: Kein „Du musst/hast …", sondern vielmehr „Du kannst …", „Probiere doch einmal Folgendes aus …" oder auch „Ich habe die Bitte, dass du …". Durch diese nicht direktive Gesprächsführung kann der Auszubildende das vom Ausbilder zurückgespiegelte Verhalten mit seinen Erfahrungen abgleichen. Er kann sich zudem durch die „erlaubende" Gesprächsführung besser darauf einlassen, neue Erfahrungen machen zu *wollen*. Diese Offenheit wäre nicht gegeben, wenn er das Gefühl hätte, etwas machen zu *müssen*.
Natürlich ändert das nichts daran, dass bestimmte Ver-

haltensweisen im Ausbildungskontext nicht toleriert werden können und auch angesprochen werden müssen, um notwendige Korrekturen vorzunehmen.

Die vier Lernstufen

Mit dem sehr einfachen WTO-Modell können Sie sicher sehr effektiv und auch effizient arbeiten, ohne sich grundlegend in die Materie (oder sollte ich sagen: das Mysterium?) von Ausbildungsmethoden einzuarbeiten. Für den Einsatz dieses Modells ist es jedoch auch wichtig, als Ausbilder zu wissen, auf welcher Lernstufe sich der jeweilige Auszubildende befindet. Man kann vereinfachend vier Stufen unterscheiden, wobei die Übergänge fließend sind und Sie den Stand des Auszubildenden letztlich durch permanentes Feedback überprüfen sollten.

Lernstufe	Bezeichnung	Bedeutung
1	Unbewusste Inkompetenz	Auf dieser Stufe wissen die Auszubildenden gar nicht, was sie noch nicht können.
2	Bewusste Inkompetenz	Auf dieser Stufe wissen die Auszubildenden, was sie alles noch nicht können.
3	Bewusste Kompetenz	Auf dieser Stufe wissen die Auszubildenden, was sie schon können.
4	Unbewusste Kompetenz	Auf dieser Stufe wissen die Auszubildenden nicht, was sie schon alles können.

Stark vereinfachend könnte man die Lernstufen dem jeweiligen Ausbildungsjahr zuordnen. Sinnvoll ist es, dieses einfache Kompetenzmodell als permanentes gedankliches Meta-Modell im Hinterkopf zu haben, während man sich über die Gestaltung einzelner praktischer Aufgaben für die Nachwuchskräfte Gedanken macht.

Ein angstfreies Umfeld und eine bereichernde Lernumgebung (Enriched Environment) sind die beste Voraussetzung für dauerhaftes und lebendiges Lernen. Ein einfaches Lernmodell ist das WTO-Modell: Wahrnehmen – Testen – Optimieren.

3.2 Theorie für die Praxis

Auch wenn ich kein Freund von theoretischen Modellen bin, sondern von praktischen Lösungen, möchte ich Ihnen hier einige Ansätze aus der Lerntheorie vorstellen, denn gerade im Ausbildungsbereich können diese helfen, Lernprozesse besser zu verstehen und dadurch zu fördern. Außerdem sind die vorgestellten lerntheoretischen Ansätze aus meiner Sicht – im wahrsten Sinne des Wortes – sehr praktisch.

Lernen am Modell/durch Beobachtung
Modelllernen oder Beobachtungslernen ist eigentlich sehr einfach. Die Vorstellung, dass etwas einfach „gese-

hen und dann gekonnt" wird, ist jedoch eine zu starke Vereinfachung. Wenn Sie Kinder haben, konnten Sie sicherlich schon miterleben, wie diese am Modell lernen: Sie schauen sich bestimmte Verhaltensweisen an, denken dann vielleicht: „Das kann ich auch!", und versuchen, das Verhalten nachzuahmen. So sollte es auch im Berufsleben sein. Der Ausbilder ist das Vorbild: Die Nachwuchskräfte erkennen ein Verhalten und – was noch viel wichtiger ist – sie sehen, in welchem Kontext das Verhalten sinnvoll und angemessen ist. Das ahmen sie dann im Idealfall so lange nach, bis sie es selbst beherrschen.

Die neuesten Erkenntnisse aus der Hirnforschung haben zudem bestätigt, dass die sogenannten Spiegelneuronen durch das Sehen aktiviert werden. Ihre Aufgabe ist es, bestimmte Aktivitäten im wahrsten Sinne des Wortes zu spiegeln. Das führt dazu, dass z. B. die Nervenzellen im Gehirn, die für das Greifen verantwortlich sind, schon dann aktiviert werden, wenn man nur zusieht, wie ein Mensch etwas greift. Die Forscher haben darüber hinaus festgestellt, dass Spiegelneuronen sogar schon dann aktiv werden, wenn wir nur Geräusche hören, die mit einer Tätigkeit in Zusammenhang stehen, z. B. wenn wir hören, wie jemand einen Telefonhörer abhebt, um anschließend telefonieren zu können. Gerade diese Erkenntnisse aus der Neurobiologie sollten im Rahmen von praktischer Ausbildung Beachtung finden.

Lernen durch Verstehen und Anwenden

Es mag zunächst banal klingen, aber gerade an dieser Form des Lernens hapert es in der Realität leider oft. Die Jugendlichen kommen mit eklatanten Schwächen in Rechtschreibung oder mathematischen Grundlagen in die Ausbildung. Es gibt in einigen Bundesländern ausgewählte Schulen, in denen die Schüler anfangs „nach Gehör" schreiben dürfen, ohne die Rechtschreibregeln zu kennen. Wenn dann schließlich auf die gängigen Regeln umgestellt wird, sind die Fehler häufig schon im neuronalen Netz verankert. Deswegen scheint „erst verstehen, dann anwenden" ein sinnvoller Ansatz zu besserem Lernen zu sein. Menschen lernen – auch das zeigen Experimente – deutlich besser, wenn sie eine Sache lesen und anschließend wiedergeben, oder allgemeiner formuliert: Menschen lernen besser, wenn sie die Dinge, die sie gelernt haben, tatsächlich anwenden. Noch besser ist es für die Behaltensleistung übrigens, wenn die Lernenden den Inhalt des Lernstoffes selbst mitbestimmen können.

Lernen durch Strukturieren

In unserer immer komplexer werdenden Welt wird es zunehmend wichtiger, Wissen strukturieren zu können. In der Praxis besteht die Herausforderung oft darin, aus ungeordneten Unterlagen oder Texten genau die Informationen herauszufiltern, die für das Erledigen einer Aufgabe benötigt werden. Gerade hier sind wieder die in Abschnitt 3.1 beschriebenen Lernstufen (von der unbewussten Inkompetenz bis hin zur unbewussten Kompetenz) zu berücksichtigen. Die Auszubildenden wissen häufig (noch) nicht, was wichtig oder unwichtig ist oder sein kann. Da sie das nicht wissen, können sie die ihnen übertragenen Aufgaben ohne entsprechende Hilfestellung auch noch nicht zufriedenstellend lösen, meist noch nicht mal annähernd.

Beispielaufgabe
Ordnen Sie diese vorgegebene Liste anhand geeigneter Kategorien: *Tisch, Stuhl, Apfel, Computer, Schrank, Tomate, Katze, Gurke, Bildschirm, Aprikose, Tastatur, Locher, Tacker, Telefon, Maus, Hund, Pferd*

Lösungsvorschlag des Auszubildenden:
Büroinventar: *Tisch, Stuhl, Schrank, Locher, Tacker, Telefon*
Obst: *Apfel, Aprikose*
Gemüse: *Tomate, Gurke*
Computerausstattung: *Computer, Bildschirm, Tastatur, Maus (?)*
Tiere: *Hund, Pferd, Katze, Maus (?)*

Wie Sie anhand der Lösung im Beispiel sehr schön sehen können, entstehen unter Umständen Herausforderungen für den Auszubildenden, weil einige Dinge für ihn nicht klar sind; im Beispiel:

- *Muss ich zwischen Büroinventar und Computerausstattung unterscheiden?*
- *Wenn ja, wo sind die Grenzen, wenn ein Telefon über den PC bedient werden kann?*

- *Was ist hier mit „Maus" gemeint, die PC-Maus oder das Tier?*

Hier wird deutlich, dass das Verständnis von Begriffen stark vom Kontext abhängt, in dem eine Aufgabe gestellt wird. Lernen durch Strukturieren hat viel mit analysieren und kommunizieren zu tun. Es kann auch durch das sogenannte Chunking up bzw. Chunking down stattfinden, bei dem Lerninhalte in eine hierarchische Ordnung gebracht werden. Unser Gehirn liebt solche Strukturierungen, weil es letztlich Bilder sind. Eine entsprechende bildhafte Darstellung sieht dann zum Beispiel so aus:

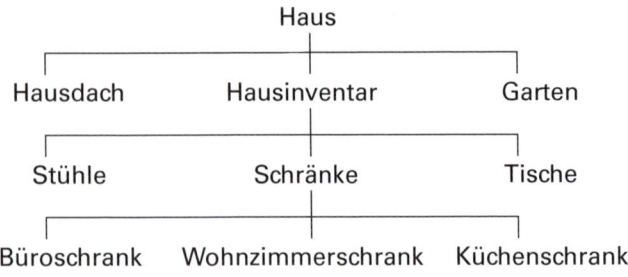

 Bedenken Sie bei der Gestaltung der praktischen Ausbildungsabschnitte lerntheoretische Zusammenhänge. Machen Sie sich klar, dass Sie ein Vorbild für die Auszubildenden sind, stellen Sie sicher, dass Erlerntes auch angewendet wird, und unterstützen Sie Auszubildende beim Strukturieren von Wissen.

3.3 Konkrete Verfahren für den Ausbildungsalltag

In diesem Abschnitt stelle ich Ihnen einige ausgewählte Lehr- bzw. Lernverfahren vor. Bei den Verfahren handelt es sich ausnahmslos um solche, die einen hohen Aktivitätslevel bei den Auszubildenden voraussetzen.

An dieser Stelle müssen wir meiner Ansicht nach auch die Frage stellen, welche Kompetenzen wir denn eigentlich ausbilden, schulen und trainieren wollen. Natürlich stehen viele dieser Kompetenzen verklausuliert in den jeweiligen Ausbildungsordnungen, die vom Bundesministerium für Bildung und Forschung für die über 300 Ausbildungsberufe festgeschrieben werden. Dort wird immer mehr Wert auf das Vermitteln von sogenannten Schlüsselkompetenzen gelegt, z. B. Tatkraft, Ausführungsbereitschaft, Initiative, Impulsgeben, Schlagfertigkeit, Kommunikationsfähigkeit, Kooperationsfähigkeit, Beziehungsmanagement, Anpassungsfähigkeit, Akquisitionsstärke, Problemlösungsfähigkeit, Experimentierfreude usw.

Mir persönlich gefällt für Kompetenzen dieser Art die von dem bekannten und sehr angesehenen deutschen Neurobiologen Gerald Hüther gewählte Bezeichnung „Meta-Kompetenzen" besser. Als Beispiel kann hier das Lesen dienen. Lesen ist zwar eine Fähigkeit bzw. Fertigkeit, es wird aber zu einer Kompetenz, wenn es einen Lernenden in die Lage versetzt, Texte zu verstehen. In diesem Beispiel wäre „Texte verstehen" die Meta-Kompetenz, die erst durch die Lesefähigkeit entstehen kann. Wir müssen uns daher Gedanken darüber machen, welche Kompetenzen wir in der Praxis eigentlich schulen wollen. Vier grundlegende kommen dafür in Frage (zu den vier Kompetenzen im Einzelnen siehe Heyse/Erpenbeck: Kompetenzmanagement):

- personale Kompetenz,
- Aktivitäts- und Handlungskompetenz,
- sozial-kommunikative Kompetenz,
- Fach- und Methodenkompetenz.

Da die zunehmend geforderten und bei immer mehr Jugendlichen nur schwach ausgeprägten Schlüssel- bzw. Meta-Kompetenzen schwerpunktmäßig im sozial-kommunikativen sowie aktivitäts- und handlungsorientierten Kompetenzbereich verortet sind, sollten wir mit den Lehr- und Lernverfahren dort ansetzen. Übrigens bestätigen mir Seminarteilnehmer quer durch die gesamte Bundesrepublik immer wieder, dass genau dort die Schwachstellen der Nachwuchskräfte liegen. Nicht umsonst machen viele Betriebe mittlerweile Knigge-Kurse, Sozialverhaltens-Trainings, Kommunikationsschulungen usw.

Wie man aus vielen Untersuchungen weiß, kann sich der Mensch am besten dann etwas aneignen, wenn er selbst aktiv wird. Zudem misst er dem Ergebnis einen deutlich höheren Stellenwert bei (und strengt sich damit auch mehr an), wenn er selbst einen Anteil daran hat, wie es zustande kommt. Daher legen die nachfolgend vorgestellten Lehr- und Lernverfahren einen Schwerpunkt auf eigenes Tun und den Kompetenzerwerb im aktivitäts- und handlungsorientierten sowie sozial-kommunikativen Bereich (siehe vertiefend dazu mein Buch *Die selten beherrschte Kunst der richtigen Ausbildung*).

Lernen durch intuitives Erkunden

Das Erkunden im Betrieb hat aus meiner Sicht mehrere Vorteile: Die Auszubildenden lernen spielerisch ihren Betrieb, die Geografie des Unternehmens kennen, d. h., sie finden heraus, wo die Verkaufsabteilung ist, wer dort eigentlich arbeitet, was die machen usw. Geben Sie den Nachwuchskräften dazu ein Thema und eine genaue(!) Aufgabenstellung hinsichtlich des Erkundungsziels.
Ferner lernen die Auszubildenden, im Team zu arbeiten, sofern die Aufgabe als solche deklariert wurde. Dazu möchte ich an dieser Stelle ermutigen, weil die damit verbundene und gelebte Teamarbeit elementar wichtig ist. Darüber hinaus – und das ist aus meiner Sicht der Hauptgrund für solche Erkundungsaufträge – lernen die Auszubildenden einzelne Aspekte der beiden oben genannten Kompetenzbereiche kennen.
Im Rahmen von Erkundungsaufträgen ist es natürlich besonders wichtig, dass die Ausbilder die Ergebnisse oder auch mangelhafte Resultate mit den jungen Menschen besprechen. So erhalten diese ein Feedback und der Ausbilder kann mit ihnen darüber sprechen, was gut gelaufen ist und wo noch Verbesserungen nötig sind.

Lernen durch Rollentausch

Der Rollentausch ähnelt der (noch folgenden) Junior-sachbearbeitung. Allerdings liegt hier der Schwerpunkt nicht auf einer kompletten Sachbearbeitung, sondern vielmehr auf einer, man könnte sagen „Ausschnittsachbe-arbeitung". Der Auszubildende wechselt für einen be-stimmten Teilbereich der Aufgabe in die Rolle des Ausbil-ders und schätzt ein, wie dieser die Aufgabe lösen würde. Der kurzzeitige Wechsel von der Empfängerrolle (bisher hat der Auszubildende nur Aufgaben übertragen bekom-men) in die Auftraggeber- oder zumindest in die Mitent-scheiderrolle kann viel bewirken. Zum einen lernt der Auszubildende, Verantwortung zu übernehmen, und da-mit steigt auch seine Motivation. Zum anderen führt ein solcher Rollentausch zu einem Perspektivenwechsel, d. h., der Auszubildende kommt von „Ein-Sichten" (im wahrsten Sinne des Wortes: eine Sicht) über „An-Sichten" zu „Sicht-Weisen", also zu einer umfassenderen Wahr-nehmung der Situation und zu mehr Wahlmöglichkeiten.

Lernen durch „Juniorsachbearbeitung"

Dieses praktische Ausbildungsformat ist ein wesentli-cher Baustein für eine selbstständige Arbeit im Betrieb. Wir dürfen nicht vergessen, dass die Menschen, die wir ausbilden, später unsere Kollegen (oder gar unsere Chefs) sein werden. Je mehr sie im Rahmen der Ausbil-dung lernen, je mehr ihnen zugetraut wird, desto bes-ser werden ihre Leistungen sein. Der Auszubildende soll diese Aufgabe ohne aktive Hilfe des Ausbilders erledigen. Das Einzige, was in diesem Kontext erlaubt ist: fragen. Der Nachwuchs soll ermutigt werden, Fragen zu stellen, die die Problemlösung beschleunigen. Auch auf diese Weise werden Fragetechnik und Kommunikationsfähigkeit des Auszubildenden geschult.

Wenn der Auszubildende die Aufgabe vollständig bearbeitet hat, präsentiert er sie dem Ausbilder und vielleicht sogar allen anderen Auszubildenden. Hier können immer alle etwas lernen; insbesondere aus Fehlern. Darüber hinaus können Auszubildende auch lernen, sich und ihr Thema zu präsentieren. Gerade Präsentationsfähigkeiten sind heute wichtiger denn je, insbesondere deshalb, weil die Auszubildenden in verschiedenen Ausbildungsberufen anstatt der klassischen mündlichen oder praktischen Prüfung eine Präsentation durchführen können oder zum Teil müssen. Ferner müssen sie das auch im spateren Berufsleben immer häufiger tun, vor Chefs oder Gruppen; und auch im ehrenamtlichen sowie privaten Bereich sind Präsentationsfähigkeiten nützlich.

Die in vielen Unternehmen immer öfter eingesetzten sogenannten Juniorfirmen gehen sogar den Weg einer vollständigen Übertragung von Verantwortung. Häufig tragen solche Konzepte Namen wie „Azubis leiten eine Filiale". Hier übernehmen Auszubildende den vollständigen realen Geschäftsbetrieb, beispielsweise in einer Filiale. Die Ausbilder bleiben im Hintergrund und greifen nur dann ein, wenn es nötig ist.

Ziel dieser Konzepte ist die Förderung der Eigenverantwortung. Eigenverantwortliches und kompetenzba-siertes Lernen vollzieht sich in drei Stufen:

1. Wollen = Motivation
2. Dürfen = Vertrauen
3. Können = Kompetenzerwerb

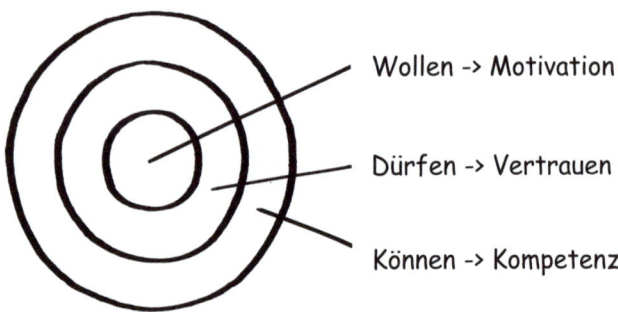

Wollen -> Motivation

Dürfen -> Vertrauen

Können -> Kompetenz

Der Auszubildende muss motiviert sein, er muss wol-len. Der Ausbilder muss ihm vertrauen und ihm erlau-ben, Dinge zu tun. Am Ende steht das Können und der stetige Erwerb von Kompetenz.

Future Pace
Wenn ich ab dem nächsten Ausbildungsblock im Be-reich Lehren und Lernen etwas verändern würde, dann wäre das Folgendes:

_____

_____

_____

Lehren und Lernen sind zwei Seiten einer Medaille. Bei Lernen handelt es sich um einen multisensorischen Erfahrungsprozess, der eines angstfreien, bereichernden Umfelds bedarf, um erfolgreich zu sein. Beachten Sie zudem Folgendes:

30

- *Es lohnt sich, sich auch mit lerntheoretischen Konzepten (z. B. Lernen durch Nachahmung) zu befassen, da diese durchaus für die Praxis relevant sein können.*

- *Achten Sie beim Einsatz von Lehr- bzw. Lernverfahren darauf, Rahmenbedingungen zu schaffen, bei denen die Auszubildenden sich selbst aktiv einbringen können.*

- *Bauen Sie in die Arbeitsanweisungen dauerhaft Aufgaben ein, die sozial-kommunikative sowie aktivitäts- und handlungsorientierte Kompetenzen trainieren.*

30 MINUTEN

4. Beurteilung und Potenzialentfaltung

Im Rahmen von Ausbildungs- und Anleitungsprozessen geht es immer auch darum, die gezeigten Leistungen und auch das gesamte Verhalten der Lernenden einzuschätzen. Wir sprechen in diesem Zusammenhang von Beurteilungen. Warum dieses Beurteilungswesen in der Praxis häufig unzureichend aufgebaut und sehr fehlerbehaftet ist, wird im folgenden Kapitel dargestellt, und es werden Empfehlungen gegeben, um diesen Bereich zu verbessern. Am Schluss des Kapitels gehe ich auf das Thema der Potenzialentfaltung von jungen Mitarbeitern ein, das heute immer wichtiger wird.

4.1 Ziele als Basis für Beurteilungen

Warum schreibe ich an dieser Stelle etwas über Ziele, wenn es doch um Beurteilungen gehen soll? Auch hier passt wieder die Metapher der Medaille, die zwei Seiten hat: Zu beurteilen, ohne vorher Ziele und Erwartungen definiert zu haben, ist unmöglich. Auf der anderen Seite ist es unsinnig, Ziele zu vereinbaren, ohne sie später über Beurteilungen und Feedback rückzukoppeln.

Nun geht es also zunächst um Ziele. Ziele fallen nicht vom Himmel. Sie so zu formulieren, dass sie eindeutig, motivierend, herausfordernd und im Kontext von Lernprozessen auch sinnvoll sind, ist eine Kunst. Es gibt eine Vielzahl von Ziel-Definitionen, aber ich will nachfolgend nur auf zwei Modelle eingehen, die mir im Kontext von Ausbildung und Beurteilung besonders wichtig erscheinen.

Richt-, Grob- und Feinlernziele

Ziele dieser Art stehen in unmittelbarem Zusammenhang mit der jeweiligen Ausbildungsordnung. Die Ausbildungsordnungen der über 300 Ausbildungsberufe in Deutschland sind fast alle identisch aufgebaut. Nach dem jeweiligen Verordnungstext kommen Anlagen mit einer sachlichen und zeitlichen Gliederung des Ausbildungsverlaufs.

In der sachlichen Gliederung werden die in Kapitel 3 dargestellten Schlüssel- bzw. Meta-Kompetenzen, die den Nachwuchskräften zu vermitteln sind, aufgeführt. Sie beinhaltet auch die Richt- und Groblernziele; dabei stellen die Letzteren eine Verfeinerung der allgemein formulierten Richtlernziele dar.

Die Feinlernziele sind in diesen Verordnungen nicht zu finden. Es ist Aufgabe als Ausbilder, ausgehend von den vorgegebenen Richt- und Groblernzielen die Feinlernziele zu definieren. Dies ist natürlich auch mit Arbeit verbunden, weil die Ausbilder sich intensiv damit auseinandersetzen müssen, was sie konkret praktisch vermitteln wollen. Allerdings eröffnet gerade dies kreative und innovative Möglichkeiten, genau die Ziele zu vermitteln, die einem Ausbilder sowohl unter Berücksichtigung des eigenen Betriebes als auch der jeweiligen Kompetenzstufe des Auszubildenden sinnvoll erscheinen. Hätte der Verordnungsgeber die Feinziele vordefiniert, würde dies der Praxis aus meiner Sicht auch nicht gerecht. Die Ausbildung, die ja eigentlich Individualität erfordert, würde auf diesem Weg nämlich einer Assimilation gleichen.

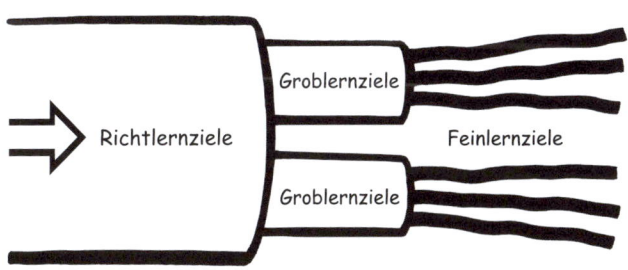

In der Anlage zur zeitlichen Gliederung werden die Themen aus der sachlichen Gliederung den einzelnen Ausbildungsjahren zugeordnet.

Im Rahmen der praktischen Ausbildung ist es vor dem Hintergrund einer zu erstellenden Beurteilung sinnvoll, dass den Nachwuchskräften genau erläutert wird, welche Ziele bis zu welchem Zeitpunkt erreicht werden sollen. Diese Feinlernziele sind möglichst detailliert zu vereinbaren, um daran anlehnend später auch eine Beurteilung vornehmen zu können.

Eigen- und Fremdziele

Gerade im Hinblick auf das in Kapitel 2 beschriebene Thema Führung ist es wichtig, dass Ausbilder den Unterschied zwischen Eigen- und Fremdzielen und deren Bedeutung kennen. Jeder Auszubildende hat auf der Arbeit auch Eigenziele. Dabei kann es sich um die Verwirklichung von Werten handeln, die ihm wichtig sind (z. B. Selbstständigkeit, Kreativität, Einfallsreichtum), aber es können auch sehr persönliche, eigentlich schon private Ziele sein (z. B. auf der Arbeit noch etwas Privates lesen, wozu man zu Hause nicht mehr gekommen ist). Die Motivation für die Eigenziele ist bei den meisten Auszubildenden sehr hoch. Aber ihnen werden auch Fremdziele „injiziert", die wie oben dargestellt in Ausbildungsordnungen oder aber auch durch Ausbilder vorgegeben werden. Diese sind den Auszubildenden naturgemäß zunächst einmal nicht so wichtig wie die Eigenziele, es sei denn, sie gehen zufällig in die gleiche Richtung oder sind sogar mit diesen identisch, was jedoch selten vorkommt.

Diese beiden Arten von Zielen und die jeweils dahinter liegende Motivation müssen die Ausbilder in Gesprächen erkunden und mit dem Nachwuchs erörtern. Wenn eine Annäherung von Eigen- und Fremdzielen möglich ist, hat dies Auswirkungen auf die Beziehung zu den Auszubildenden und auch auf ihre Motivation. Dazu ein Denkanstoß aus einem besonders innovativen Unternehmen: Google stellt angeblich seinen Beschäftigten 20 % der Arbeitszeit für private Projekte zur Verfügung. Dies hat positive Auswirkungen auf Krankenstände, Wohlbefinden, Gesundheit, Kreativität, Innovation usw.

Zielkriterien

Bei der Vereinbarung von Zielen ist es von Vorteil, wenn diese sich an bestimmten Kriterien orientieren. Ich stelle Ihnen daher drei Beispiele für Gruppen von Zielkriterien vor, die Ihnen die praktische Arbeit erleichtern können (entnommen aus Krogerus/Tschäppeler/Earnhart: 50 Erfolgsmodelle, S. 21). Sie sind als SMART, PURE und CLEAR bekannt. Es handelt sich dabei um Akronyme, die sich aus den Anfangsbuchstaben der jeweiligen Kriterien zusammensetzen. Ein Ziel sollte sich anhand dieser Anforderungen messen lassen.

S	=	specific	=	präzise
M	=	measurable	=	messbar
A	=	attainable	=	erreichbar
R	=	realistic	=	realistisch
T	=	time phased	=	zeitlich planbar

P	=	positively stated	=	positiv formuliert
U	=	understood	=	verständlich
R	=	relevant	=	relevant
E	=	ethical	=	ethisch korrekt

C	=	challenging	=	herausfordernd
L	=	legal	=	legal
E	=	environmentally sound	=	umweltverträglich
A	=	agreed	=	vereinbart
R	=	recorded	=	protokolliert

Es würde aus meiner Sicht ausreichen, wenn sich Ausbilder dem Thema Ziele anhand *einer* der oben genannten Kriteriengruppen annähern würden. Ich halte es für absolut wichtig, dass alle Zielabsprachen möglichst positiv formuliert sind und dass ein Enddatum festgelegt ist, wobei das Ziel in dieser Zeit erreichbar sein muss. Das Verhältnis zwischen Herausforderung und Können muss ausgewogen sein. Dies knüpft nahtlos an das Thema Kompetenzen (siehe Kapitel 3) an, denn wenn die gewählte Aufgabe zu anspruchsvoll ist, kann sich beim Lernenden Angst, Panik oder sogar ein Burnout einstellen. Ist die Aufgabe dagegen zu anspruchslos, kann dies Langeweile, Desinteresse und Minderleistung hervorrufen. Der Glücksforscher Mihály Csíkszentmihályi formuliert es so, dass die zu erledigenden Aufgaben etwas über dem aktuellen Können liegen, aber dennoch erreichbar sein sollen. Auf diesem Weg kann aus seiner Sicht Flow entstehen, ein völliges Hingeben und Versinken in der Arbeit. Dies hat er als Flow-Channel bezeichnet.

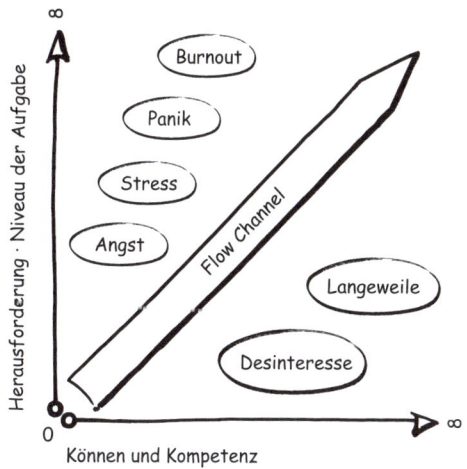

Wenn möglich sollten Ziele sogar handschriftlich im Sinne einer persönlichen Verpflichtungserklärung geschrieben und unterzeichnet sein. Durch das Schreiben mit der Hand werden in besonderer Weise „moralische Instanzen" im präfrontalen Kortex aktiviert – man fühlt sich stärker (selbst)-verpflichtet.

30 *Nur wenn Erwartungen an den Nachwuchs als Ziele formuliert werden, kann daraufhin auch eine stimmige Beurteilung erstellt werden. Ziele sollten den jeweiligen Kompetenzgrad des Auszubildenden berücksichtigen. Wichtig ist außerdem das Austarieren zwischen den Eigenzielen des Auszubildenden (= Motivationsaspekt) und den Fremdzielen des Ausbilders/Ausbildungsbetriebs (= Notwendigkeitsaspekt).*

4.2 Beurteilungsgespräche planen

Beurteilungen finden in nahezu allen Ausbildungsberufen statt. Man erhofft sich davon letztendlich Rückschlüsse auf das Leistungsverhalten der Auszubildenden. Allerdings werden viele Beurteilungsverfahren ohne gründliche Planung durchgeführt. Hinzu kommen Mängel in der Schulung derjenigen, die die Beurteilung vornehmen. Das Resultat sind in der Praxis oft Gefälligkeitsbeurteilungen, die zum Teil weit weg von den Leistungen sind, die der Auszubildende wirklich gezeigt hat.

Warum ist das so? Ich vermute, die Gründe sind mannigfaltig. Es beginnt damit, dass die Ausbilder die Ausbildungsarbeit ohnehin häufig nur „nebenher" miterledigen und für eine gute Vorbereitung der Beurteilung überhaupt keine Zeit haben bzw. sich die Zeit nicht nehmen. Hinzu kommt, dass zu Beginn der Ausbildungseinheit oft überhaupt keine Erwartungen oder Ziele formuliert werden, anhand derer man die Zielerreichung auch tatsächlich überprüfen könnte. Es werden auch keine „Halbzeitgespräche" geführt. Darunter verstehe ich ein Gespräch in der Mitte des Ausbildungsabschnitts, in dem man anhand des Beurteilungsbogens dem Auszubildenden seinen aktuellen Leistungsstand spiegelt. Daran könnten sich konkrete Hilfsmaßnahmen anschließen, um Defizite abzubauen. Ferner wollen viele Ausbilder auch keine Konflikte mit den Auszubildenden selbst oder mit der Mitarbeitervertretung bzw. der Jugend- und Auszubildendenvertretung riskieren, die immer wieder in Beurteilungsfragen zurate gezogen werden.

All diese Probleme treten in vielen Betrieben auf und verhindern, dass aussagekräftige Beurteilungen zustande kommen. Um dem entgegenzuwirken, müsste jeder Ausbildungsabschnitt drei Schritte umfassen, die von permanenten Feedback-Schleifen begleitet sein sollten:

1. Beginn der Ausbildungseinheit: Definition von Erwartungen und Zielen

2. Mitte der Ausbildungseinheit: Halbzeitgespräch mit Beurteilungsbogen (Rückmeldung über den Leistungsstand; Zeit für Fragen und Angebot von Unterstützungsleistungen durch den Ausbilder)

3. Ende der Ausbildungseinheit: Abschlussgespräch mit Beurteilung

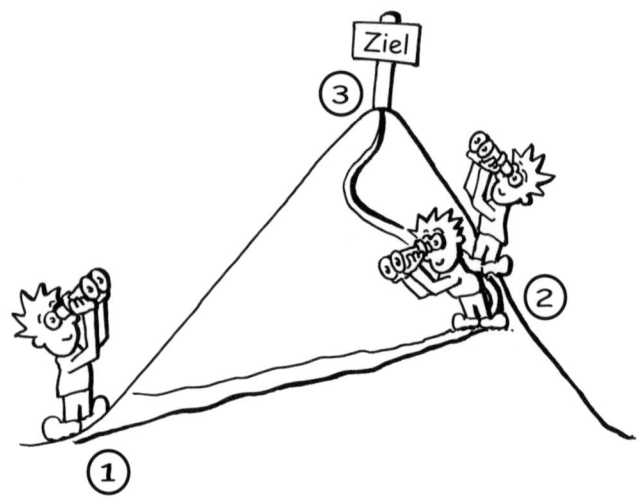

Es bietet sich vor dem Hintergrund der negativen Konnotation des Begriffs „Beurteilung" zudem an, dem Gespräch einen anderen Namen zu geben, z. B. Führungsgespräch, Fördergespräch, Feedbackgespräch oder Entwicklungsgespräch. Allein die Veränderung der Bezeichnung kann schon dem Entstehen von Stress oder Unbehagen, vielleicht sogar Angst oder Panik vorbeugen.

Beurteilungsfehler

Für das Gespräch selbst ist es empfehlenswert, sich mit den gängigsten Beurteilungsfehlern, die Menschen oft unterlaufen, auseinanderzusetzen. Wir sollten uns diese immer dann wieder vor Augen führen, wenn eine Beurteilung ansteht. Auf diesem Weg können wir zwar auch keine absolute Objektivität erreichen, uns dieser aber immerhin ein wenig annähern.

- **Halo-Effekt:** Einzelne Merkmale überstrahlen die übrigen Leistungen, z. B. Mundgeruch, lascher Händedruck.
- **Projektionseffekt:** Ist dem Ausbilder der Auszubildende sympathisch, wird er tendenziell besser, ist er ihm unsympathisch, wird er tendenziell schlechter beurteilt.
- **Kleber-Effekt:** Auszubildende, denen ein „schlechter Ruf" anhaftet, haben ein schlechtes Image, was die Beurteilung der Leistung beeinflusst.
- **Nikolaus-Effekt:** Der Name bezieht sich darauf, dass Kinder kurz vor dem Nikolaustag besonders brav sind, damit sie etwas Schönes geschenkt bekommen. Auszubildende strengen sich in den letzten zwei Wochen vor der Beurteilung besonders an, und das beeinflusst die Beurteilung.
- **Inter-Gruppen-Effekt/Kontakteffekt:** Auszubildende, die die Ausbilder häufig sehen und zu denen sie häufiger Kontakt haben, werden tendenziell besser beurteilt.
- **Verallgemeinerungseffekt:** Einmalige gute oder hervorragende Leistungen haben eine Ausstrahlungswirkung auf die Gesamtleistung (ähnlich dem Halo-Effekt, aber dort fließen noch andere Kriterien außer der Leistung mit ein).
- **Ähnlichkeits-/Biografie-Effekt:** Der Ausbilder nimmt sich selbst als Maßstab für die Beurteilung; je

ähnlicher ihm der Auszubildende ist, desto besser fällt die Beurteilung aus.

- **Stimmungslagen-Effekt:** Der Ausbilder lässt die persönliche Stimmung mit in die Beurteilung einfließen.
- **Milde-Effekt:** Auszubildende werden von einem Ausbilder generell zu nachgiebig und wohlwollend beurteilt.
- **Strenge-Effekt:** Von einem Ausbilder werden zu hohe Maßstäbe für die Beurteilung der Auszubildenden angelegt.
- **Mitte-Effekt:** Hier besteht die Tendenz, alle Auszubildenden annähernd gleich zu beurteilen; Konfliktvermeidung ist dafür eine Hauptursache.
- **Kritik-Effekt:** Ausbilder, die kurz vor der Erstellung der Beurteilung noch einen Konflikt austragen, beurteilen den Auszubildenden tendenziell schlechter.

Achten Sie darauf, dass Sie zu Beginn der Ausbildungseinheit die Erwartungen und Ziele eindeutig definieren. Zudem ist vor dem abschließenden Gespräch ein „Halbzeitgespräch" sinnvoll. Machen Sie sich vor dem Beurteilungsgespräch mit möglichen Beurteilungsfehlern vertraut, um sich dem (unerreichbaren) Ideal der Objektivität zumindest anzunähern.

4.3 Potenziale gezielt fördern

Vom Beurteilungswesen geht es nahtlos in den Bereich der Potenzialentfaltung und Zukunftsentwicklung der jungen Menschen. Früher wurde immer wieder von „Personalentwicklung" gesprochen. Dieser Begriff ist mir jedoch zu sperrig, außerdem reduziert er den Menschen mit seinen Talenten und verborgenen Begabungen doch zu sehr auf den betriebswirtschaftlichen Faktor „Personal". Diese Betrachtung ist zu kurzsichtig, denn auch wenn es darum gehen muss, den richtigen bzw. richtig ausgebildeten Mitarbeiter an der richtigen Stelle einzusetzen, wird immer noch zu viel Wert auf Qualifikationen (erworbene Bescheinigungen, Abschlüsse und Auszeichnungen) gelegt und zu wenig darauf geachtet, was der Mensch an – möglicherweise noch verborgenem – Potenzial mitbringt. Qualifikationen können aus meiner Sicht Kompetenzen nicht ersetzen. Demgegenüber können Kompetenzen auf jeden Fall formale Qualifikationen ersetzen.

Leider haben wir in Deutschland eine nahezu pathologische Fixierung auf formale Qualifikationen in Bezug auf Stellenbesetzungen und Stellenprofile. Es müsste mehr darum gehen, ob jemand etwas kann (= kompetent). Oftmals ist die Herangehensweise jedoch eher bürokratisch, gesucht wird dann derjenige, der den passenden Abschluss hat (= qualifiziert). Sofern eine formale Qualifikation nicht im Lebenslauf dokumentiert werden kann, gilt der Bewerber als ungeeignet.

Das geht an der Realität vorbei und kann sogar schädlich sein, weil man potenziell geeignete Menschen aus dem Blick verliert.

Es gibt zunehmend Arbeitsgebiete, in denen die Schulen und Hochschulen mit der Stoffentwicklung überhaupt nicht „hinterherkommen", z. B. im IT-Bereich. Daher kann es sein, dass es Menschen in der Praxis gibt, die bereits Kompetenzen haben, für die es noch gar keine formalen Qualifikationen oder nur Teilqualifikationen gibt. Es kann auch sein, dass wir junge Mitarbeiter haben, die zwar in einem bestimmten Bereich qualifiziert sind, jedoch zusätzlich auch geeignet wären, eine Art firmeninterne Universität für Potenzialentfaltung zu besuchen, um sich im eigenen Interesse und auch im Interesse der jeweiligen Firma weiterzuqualifizieren.

Wir Ausbilder haben dabei die Aufgabe, die Goldlotsen (für den Nachwuchs) und die Goldgräber (für die Unternehmen) zu sein, die die Potenziale, Begabungen und verborgenen Talente der jungen Mitarbeiter erkennen, erkunden und fördern. Diese Arbeit ist anspruchsvoll, herausfordernd und bedarf einer umfassenden Schulung der Ausbilder. Vor allem ist es dabei wichtig, eine auf Wachstum gerichtete Beziehung zu den Nachwuchskräften aufzubauen. Dabei verstehe ich unter „Wachstum" auch persönliche Potenzialentfaltung, die dem Betrieb nutzt, aber insbesondere auch die Auszubildenden selbst fördert. Gemeinsam mit Ihren Auszubildenden können Sie Drehbücher für eine erfolgreiche Zukunft schreiben, in denen alles festgehalten wird, was für die zukünftige Zusammenarbeit für beide Seiten wichtig ist.

Werden Sie ein Supportive Leader!

Über die in Kapitel 2 beschriebene AWAKE-Führung hinaus geht es bei der Potenzialentfaltung auch darum, dass die Ausbilder die Rolle eines sogenannten Supportive Leaders einnehmen. Um es bildlich auszudrücken: Die Ausbilder sollen wie Gärtner sein, die dafür Sorge tragen, dass die jungen Pflanzen (Auszubildenden) auch tatsächlich wachsen können. Nicht umsonst sprechen wir von Nach-*wuchs*-Kräften!

Wie können Ausbilder zu Supportive Leaders werden? Werfen Sie zur Beantwortung dieser Frage einen Blick in Ihre eigene Vergangenheit und fragen Sie sich:

- *An wen kann ich mich gut erinnern?*
- *Wer war für mich ein guter Lehrer oder Ausbilder, was hat diese Menschen ausgezeichnet?*
- *Wer hat sich für mich und meine Anliegen wirklich interessiert und mir Raum gegeben, damit ich wachsen kann?*

Wenn Sie auf diese Fragen ehrliche Antworten gefunden haben, dann können Sie einen Abgleich mit Ihrer eigenen Ausbilderrolle vornehmen. Fragen Sie dazu ruhig Ausbilderkollegen oder auch Auszubildende. Vielleicht kommen Sie zu dem Ergebnis, dass bei Ihnen alles gut ist. Vielleicht kommen Sie aber auch zu dem

Ergebnis, dass es da noch einige Bereiche gibt, in denen Sie sich verbessern können. Um das herauszufinden, empfehle ich ergänzende Supervision oder ein Coaching. Nur so entsteht ein neues und ehrlicheres Selbstbild.

Weitere wesentliche Faktoren für eine erfolgreiche Potenzialentfaltung sind Offenheit, Ehrlichkeit und die Nachvollziehbarkeit von getroffenen oder noch zu treffenden Entscheidungen. Wenn Sie beginnen, zu taktieren und „Spielchen" mit den Auszubildenden zu spielen, dann gewinnen Sie vielleicht kurzfristig, aber auf lange Sicht schaden Sie sich selbst und dem Unternehmensimage. Daher lade ich Sie ein: Werden Sie zum Potenzialentfalter, werden Sie zum besten Ausbildungsbetrieb Ihrer Branche und begeistern Sie die jungen Menschen!

Future Pace
Wenn ich ab dem nächsten Ausbildungsblock im Bereich Beurteilung und Potenzialentfaltung etwas verändern würde, dann wäre das Folgendes:

_____

_____

_____

_____

Die Voraussetzung für aussagekräftige Beurteilungen sind klar formulierte Ziele. Wichtig sind eine möglichst positive Formulierung der Ziele und messbare Kriterien für die Zielerreichung.

Schon vor dem Beurteilungsgespräch am Ende einer Ausbildungseinheit sollte ein „Halbzeitgespräch" stattfinden, bei dem der Auszubildende eine Rückmeldung zu seinem Leistungsstand und bei Bedarf Unterstützung erhält.

Als Ausbilder sollten Sie sich vor Beurteilungsgesprächen vor Augen führen, dass Aspekte wie Sympathie oder Antipathie die menschliche Wahrnehmung beeinflussen und zu Beurteilungsfehlern führen können.

Beurteilen Sie aber nicht nur, sondern fördern Sie auch gezielt die Potenziale der Nachwuchskräfte. Werden Sie zum Supportive Leader und zu einem Potenzialentfalter. Schreiben Sie mit den Nachwuchskräften gemeinsam Drehbücher für eine erfolgreiche Zukunft in Ihrem Unternehmen.

Fast Reader

1. Einführungszeit und Beziehung

Beginnen Sie mit Ihren Überlegungen zur Gestaltung des wichtigen ersten Tages bzw. der Einführungszeit bereits am Tag des Einstellungstests oder des Vorstellungsgesprächs. Schaffen Sie eine Atmosphäre, in der sich ein junger Mensch wertgeschätzt und zugehörig fühlen kann. Nur dann entstehen Vertrauen, Motivation, Kooperation und Engagement. Bei Unsicherheiten, was jungen Menschen gefallen könnte, holen Sie sich Ideen und Tipps bei den Auszubildenden des 2. oder 3. Ausbildungsjahres oder bei jungen Kollegen.

Beziehungsbedürfnisse sind wenig bekannte Motivationsförderer. Sie haben mehr Einfluss auf den Lernerfolg als ausgewählte Methoden bzw. Medien. Machen Sie sich mit diesen Bedürfnissen vertraut und denken Sie darüber nach, mit welchen Maßnahmen oder Aktionen Sie den Ausbildungsalltag so anreichern können, dass etwas Einzigartiges entstehen kann.

Ausbilder sollten zudem eine bestimmte Haltung gegenüber den Nachwuchskräften an den Tag legen. Das Schubladendenken darf keinen Raum haben.

Im Idealfall entspricht die Haltung der Ausbilder dem personzentrierten Ansatz. Dazu gehören

30

- **vorurteilsfreie Akzeptanz, unbedingte Wertschätzung und bedingungslose positive Zuwendung,**
- **empathisches Verhalten und einfühlendes Verstehen und**
- **authentisches Verhalten.**

Alle drei Aspekte müssen im persönlichen Wirken und Agieren für die Nachwuchskräfte spürbar sein. Wenn personzentriertes Handeln gelingt, ist das Fundament für eine ertragreiche Zukunft fest gegossen.

2. Kommunikation und Führung

Aus Empfängersicht hat das gesprochene Wort nur einen geringen Anteil an der gesamten Kommunikation (7 %), während Körpersprache (55 %) und Gestik und Mimik (38 %) stärker wahrgenommen werden. Ihre Kommunikation sollte in diesen drei Bereichen stimmig sein, damit Sie authentisch wirken.

Bedenken Sie, dass Wörter mehrdeutig sein können. Vergewissern Sie sich, ob Ihr Gesprächspartner Sie so verstanden hat, wie Sie es gemeint haben. Im Zusammenhang mit negativen Aussagen über den Auszubildenden und seine Arbeitsleistungen sollten Sie alle Generalisierungen (Verallgemeinerungen) aus Ihrem Wortschatz streichen.

Nutzen Sie gezielt gute Fragen im Rahmen von Ausbildungsprozessen und meiden Sie das destruktive Fragentrio „Wieso?", „Weshalb?" und „Warum?". Diese Rechtfertigungsfragen gehören in die Sesamstraße.

Wenn Sie über Führung nachdenken, geben Sie sich die Chance, die traditionelle Sicht von Führung, wonach die Führungskraft (der Ausbilder) diejenige ist, die aktiv etwas mit dem Geführten (Auszubildenden) tut, zu lockern. Öffnen Sie sich für eine neue Perspektive, in der die Geführten ihre Erwartungen (Wünsche, Bedürfnisse und Gefühle) auf die Führungskraft projizieren. Führung stellt sich nach diesem Modell erst dann ein, wenn es der Führungskraft gelingt, ein Stück weit auch diese Erwartungen im Rahmen des täglichen Miteinanders zu erfüllen.

Der Mittelweg zwischen einem traditionellen **30** *Führungsstil und dem modernen Verständnis von Führung besteht in einer Haltung, die ich als AWAKE-Führungshaltung bezeichne. AWAKE steht für:*

- *Anerkennung*
- *Wertschätzung*
- *Aufmerksamkeit*
- *Kommunikation*
- *Empathie*

3. Lehren und Lernen

Lehren und Lernen sind zwei Seiten einer Medaille. Das menschliche Gehirn ist in jedem Alter lernfähig. Man spricht in diesem Zusammenhang von der sogenannten Neuroplastizität. Ein angstfreies Umfeld ist langfristig die beste Voraussetzung für lebendiges Lernen. Wichtig für das Lernen ist außerdem eine bereichernde Lernumgebung (Enriched Environment). Lernen an sich vollzieht sich über Wahrnehmungsprozesse unserer fünf Sinne. Ein einfaches Lernmodell ist das WTO-Modell: Wahrnehmen – Testen – Optimieren.
Bedenken Sie bei der Gestaltung der praktischen Ausbildungsabschnitte lerntheoretische Zusammenhänge. Hier ist insbesondere das Lernen am Modell bzw. durch Beobachtung zu nennen, bei

dem Ihnen die Rolle eines Vorbilds zukommt. Lernen durch Verstehen und Anwenden ermöglicht es, zu überprüfen, ob eine Arbeitsanweisung richtig verstanden wurde. Eine weitere Form des Lernens, das Lernen durch Strukturieren, kann dazu beitragen, die entstehende Komplexität des Wissens zugunsten eines verstehenden Lernens zu reduzieren.

Achten Sie beim Einsatz von Lehr- bzw. Lernverfahren darauf, Rahmenbedingungen zu schaffen, bei denen die Auszubildenden sich selbst möglichst aktiv einbringen können und die die Handlungsorientierung schulen. Bauen Sie auch Aufgaben ein, die dem Bereich der sozial-kommunikativen Kompetenz zuzuordnen sind. Beide vorgenannten Bereiche werden in den Schulen nicht umfassend genug gelehrt bzw. trainiert.

Bei allen Bestrebungen in Bezug auf optimales Lernen ist es sinnvoll, sich zu vergegenwärtigen, auf welcher der vier Lernstufen sich der jeweilige Auszubildende gerade befindet. Der Weg führt
- **von der unbewussten Inkompetenz**
- **über die bewusste Inkompetenz**
- **und die bewusste Kompetenz**
- **zur unbewussten Kompetenz.**

4. Beurteilung und Potenzialentfaltung

Am Anfang steht die Definition eines Ziels, denn nur wenn Erwartungen an den Nachwuchs als Ziel formuliert werden, kann daraufhin auch eine stimmige Beurteilung erstellt werden. Wichtige Ziele sind zum einen die in den Ausbildungsordnungen enthaltenen Richt- und Groblernziele sowie die daraus von den Ausbildern abzuleitenden Feinlernziele. Zum anderen ist eine Unterscheidung und ein Austarieren zwischen den Eigenzielen des Auszubildenden (= Motivationsaspekt) und den Fremdzielen des Ausbilders bzw. Ausbildungsbetriebs (= Notwendigkeitsaspekt) sinnvoll. Ziele sollten den jeweiligen Kompetenzgrad des Auszubildenden berucksichtlgen und wenn möglich handschriftlich festgehalten werden.

Achten Sie darauf, dass Sie zu Beginn der Ausbildungseinheit die Erwartungen und Ziele eindeutig und widerspruchsfrei definieren. Zudem sollten Sie vor dem abschließenden Gespräch ein „Halbzeitgespräch" führen. Bis zu diesem Gespräch bietet es sich an, dass Sie sich Notizen darüber machen, wie Sie den Auszubildenden und seine Leistung wahrnehmen, gerne auch in Bezug auf einzelne zu beurteilende Wesensmerkmale oder Eigenschaften. Im Halbzeitgespräch sollten Hilfestellungen angeboten werden.

*Sensibilisieren Sie sich vor dem Beurteilungsge-
spräch für die unterschiedlichen Beurteilungsfeh-
ler, die häufig auftreten. Dadurch wird die Beurteilung weniger subjektiv und weniger fehlerhaft
ausfallen.*

**Werden Sie zum Supportive Leader und zu einem
Potenzialentfalter:**

- *Überlegen Sie, wie Sie die jungen Mitarbeiter
  in Ihrem Unternehmen sinnvoll und zielführend
  weiterqualifizieren können.*
- *Interessieren Sie sich aktiv für die Ziele und
  Wünsche Ihrer jungen Mitarbeiter.*
- *Schreiben Sie mit den Nachwuchskräften gemeinsam Drehbücher für eine erfolgreiche Zukunft in Ihrem Unternehmen.*
- *Überlegen Sie, wie Sie die in diesem Buch vorgestellten Prinzipien gegenüber Ihren Auszubildenden und Mitarbeitern leben können. Dann
  schaffen Sie ein wahres Biotop für Lernen,
  Entwicklung und Höchstleistungen.*

Der Autor

 Marco Weißer leitet das effico Institut für Aus- und Fortbildung in Hundsangen im Westerwald (www.effico.de). Er ist bundesweit immer wieder ein gefragter Redner und Seminarleiter zu den Themen Ausbildung, Kommunikation und Führung. Als einer von wenigen Autoren im Ausbildungsbereich hat Marco Weißer selbst langjährige Erfahrungen als Ausbildungsleiter und wirkt gleichzeitig weiterhin als Ausbilder. Zudem lässt er sowohl in seine praktische Arbeit als auch in seine Autorentätigkeit immer wieder neueste Erkenntnisse aus dem Bereich der Hirnforschung einfließen, die die Ausbildungspraxis in besonderem Maße bereichern. Es ist für ihn ein Privileg, junge Menschen in den Beruf zu begleiten und praxisnahes Wissen an Ausbilder aller Branchen weiterzugeben. Lassen Sie sich inspirieren und begeistern – effico begleitet Sie gerne.

Kontakt:
effico – Institut für Aus- und Fortbildung
Kirchstraße 6
56414 Hundsangen
Tel.: 01 51 – 10 44 33 55
E-Mail: effico@effico.de
www.effico.de

Weiterführende Literatur

- Bauer, Joachim: Prinzip Menschlichkeit. 5. Aufl. Hamburg: Hoffmann und Campe, 2007

- Covey, Stephen R.: Die 7 Wege zur Effektivität – Prinzipien für persönlichen und beruflichen Erfolg. 10. Aufl. Offenbach: GABAL, 2004

- Csíkszentmihályi, Mihály: Flow im Sport – Der Schlüssel zur optimalen Erfahrung und Leistung. München: BLV Verlagsgesellschaft, 2000

- Elger, Christian E.: Neuroleadership – Erkenntnisse der Hirnforschung für die Führung von Mitarbeitern. Freiburg, Berlin, München: Haufe, 2009

- Erskine, Richard G.: Beziehungsbedürfnisse. In: Zeitschrift für Transaktionsanalyse (ZTA), 4/2008, S. 287–297

- Heyse, Volker/Erpenbeck, John: Kompetenzmanagement – Methoden, Vorgehen, KODE® und KODE®X im Praxistest. Münster, New York, München, Berlin: Waxmann, 2007

- Hubble, Mark A./Duncan, Barry L./Miller, Scott D.: The Heart and Soul of Change. What Works in Therapy? Washington DC: American Psychological Association, 1999

- Krogerus, Mikael/Tschäppeler, Roman/Earnhart, Philip: 50 Erfolgsmodelle. 3. Aufl. Zürich: Kein und Aber, 2008

- Purps-Pardigol, Sebastian: Führen mit Hirn – Mitarbeiter begeistern und Unternehmenserfolg steigern. Frankfurt a. M.: Campus-Verlag, 2015

- Rogers, Carl R.: Eine Theorie der Psychotherapie. München: Ernst Reinhardt Verlag, 2009

- Schweer, Martin K. W.: Lehrer-Schüler-Interaktion – Inhaltsfelder, Forschungsperspektiven und methodische Zugänge, 2. Aufl., Wiesbaden: VS-Verlag für Sozialwissenschaften, 2008

- Spitzer, Manfred: Lernen – Gehirnforschung und die Schule des Lebens. Heidelberg: Spektrum Verlag, 2006

- Suzuki, Wendy: Neurone auf Trab. In: Gehirn & Geist, 01/2016, S. 56–59

- Suzuki, Wendy: Fittes Gehirn – erfülltes Leben. München: Goldmann, 2015

- Weißer, Marco: Die selten beherrschte Kunst der richtigen Ausbildung, Worauf es ankommt, was wirklich zählt. 6. überarb. und wesentlich erweiterte Aufl. Frankfurt a. M.: public book media Verlag, 2016

Register